配合《中华人民共和国家庭教育促进法》学习读物

科学家教 优良家风 丛书

Social Science Books

编◎赵 刚

作者◎董立君

# 家教

## 好家教需要好家长

吉林出版集团股份有限公司

全国百佳图书出版单位

**图书在版编目（CIP）数据**

家教：好家教需要好家长 / 董立君著. -- 长春：吉林出版集团股份有限公司, 2022.4（2025.6重印）
（科学家教 优良家风丛书 / 赵刚主编）
ISBN 978-7-5731-1470-9

Ⅰ.①家… Ⅱ.①董… Ⅲ.①家庭道德－中国－通俗读物 Ⅳ.①B823.1-49

中国版本图书馆CIP数据核字(2022)第056785号

JIAJIAO: HAO JIAJIAO XUYAO HAO JIAZHANG

## 家教：好家教需要好家长

| | | |
|---|---|---|
| 著　　者 | 董立君 | |
| 责任编辑 | 杨亚仙 | |
| 装帧设计 | 刘美丽 | |

| | |
|---|---|
| 出　　版 | 吉林出版集团股份有限公司 |
| 发　　行 | 吉林出版集团社科图书有限公司 |
| 地　　址 | 吉林省长春市南关区福祉大路5788号　邮编：130118 |
| 印　　刷 | 山东新华印务有限公司 |
| 电　　话 | 0431-81629711（总编办） |
| 抖 音 号 | 吉林出版集团社科图书有限公司 37009026326 |

| | |
|---|---|
| 开　　本 | 720 mm×1000 mm　1 / 16 |
| 印　　张 | 12.5 |
| 字　　数 | 130千 |
| 版　　次 | 2022年4月第1版 |
| 印　　次 | 2025年6月第5次印刷 |

| | |
|---|---|
| 书　　号 | ISBN 978-7-5731-1470-9 |
| 定　　价 | 40.00元 |

# 好家教成就好孩子

　　有句名言几乎人尽皆知：家庭是孩子的第一所"学校"，家长是孩子的第一任"老师"。作为孩子人生中的第一所"学校"，家庭在孩子进入学校前的教育作用是巨大的。德国《小脑袋，大世界》一书中有两句话风靡全球：1到7岁只占生命历程的10%，却决定了人生的70%；要想过好人生的80年，就要重视人生的前8年。可见，作为人生第一所"学校"的家庭、作为孩子第一任"老师"的家长，其作用无可替代。

　　人类以组建家庭的形式展开生活是文明与进步的标志，这使家庭这个最小的社会组织具备了多种功能，其中的生儿育女、优化生命就成了家庭最重要的功能。尽管工业革命后出现了大规模的学校教育，但家庭特有的教育功能仍然是学校所不能替代的。家庭成员的言行潜移默化地影响着孩子一生的处世方式与生活态度。

　　随着人类进入信息时代，工业时代依靠学校获取知识信息的方式被智能化工具改变，教育走进强制化、标准化的学校教育与个性化、自由化的家庭教育相合作的时代。家校合作是指家庭和学校两个相对独立的社会组织进行的一种旨在促进青少年儿童健康发展的互助活动。家校合作的核心是亲师协同，即学生家长与教师配合工作。家长、教师和学生的关系，可以用等腰三角形来比喻：学生是顶角的顶点，家长和教师分别是底角的两个顶点。在周长一定的情况下，底边越长，顶角的顶点越低；底边越短，顶角的顶点越高。这说明家长和教师的距离越远，学生的发展水平越低；家长和教师的距离越近，学生的发展水平越高。家长与教师进行教育互补，这样孩子的成长会更健全，学习效果会更好。家长和教师有着共同的育人目标，这是家校合作、亲师协同的牢固基础。

如今，构建覆盖城乡的家庭教育指导体系已成为国家治理体系与治理能力现代化的重要内容，家庭教育不仅事关家庭和谐、社会稳定，甚至关系到国家的发展和中华民族的伟大复兴。家庭教育工作的法治化、专业化、职业化需要更高质量的读物与指导。本书以引导读者对家庭教育形成正确的认识为突破口，紧密贴合《中华人民共和国家庭教育促进法》，围绕家庭中的道德品质教育、行为习惯教育、文化素养教育、身心健康教育、生活技能教育等方面的问题，为广大家长提供读得懂、用得上的家庭教育知识与方法，以期引导读者站在更高处看待家庭教育中的各种问题，拓展家庭教育思维、优化家庭教育方法，构建民主、科学的亲子关系，打牢立德树人、为国教子的家庭教育基础。

赵 刚　董立君

写于《中华人民共和国家庭教育促进法》
实施后第一个家庭教育宣传周
（2022年5月）

# 目 录
## CONTENTS

**第一章　家庭教育到底教什么**

第一节　"家长是孩子的第一任'老师'"不是说说而已 … 3

第二节　好孩子需要家长与老师合作共育 ……………… 12

第三节　家庭是孩子行稳"万里路"的起点 …………… 19


**第二章　家庭中的道德品质教育**

第一节　有爱心的孩子才幸福 ……………………… 28

第二节　文明修养事关人生质量 …………………… 45

第三节　懂感恩的孩子有收获 ……………………… 58


**第三章　家庭中的行为习惯教育**

第一节　引导孩子养成管理时间的习惯 …………… 70

第二节　孩子应养成善于学习的习惯 ……………… 76

第三节　引导孩子进行自主学习 …………………… 82

## 第四章　家庭中的文化素养教育

第一节　判断孩子是否优秀不仅看分数的高低 ……… 88

第二节　如何对待孩子的厌学行为 ……………… 96

第三节　全家适用的成长型思维 ……………… 102

## 第五章　家庭中的身心健康教育

第一节　爱运动的孩子更阳光 ………………… 110

第二节　帮助孩子跨过成长中的那些"坎" ……… 118

第三节　"玻璃心"背后的小秘密 ……………… 130

第四节　挫折教育不等于给孩子制造苦难 ……… 137

第五节　引导孩子掌控自己的情绪 ……………… 145

## 第六章　家庭中的生活技能教育

第一节　不会做家务的孩子人生不容易幸福 ……… 152

第二节　在家庭生活中学会自我保护 …………… 166

第三节　孩子应学会防范性侵害 ……………… 174

第四节　孩子的理财能力培养从家庭教育开始 …… 179

第五节　培养孩子与社会互动的技能 …………… 186

# 第一章
# 家庭教育到底教什么

　　教育是施教者有意识、有目的、有计划地对受教育者进行培养的过程，是人类所独有的社会活动。在家庭、学校、社会，受教育者都能获得知识，受到相应的教育，而家庭教育又是其中持续时间最长、涉及范围最广、影响程度最深的教育方式。

很多家长习惯于将家庭教育单纯地聚焦于孩子的学习成绩，这不仅偏离了教育立德树人、面向社会的本质，也向受教育者输出了太多的压力，使其感受不到生活的乐趣和意义，丧失了对生活的兴趣，无法发展为懂生活、会劳动、有技能的全面发展的人，而完全变成了应试的"机器"，以至于越来越多的青少年不堪重负，呈现出消极、抑郁的倾向，有些甚至采用极端的方式轻率地结束了自己的生命。

良好的家庭教育要求家长能够客观、全面地理解教育的本质，引导孩子发现并发展自身优势，理性地接纳孩子自身的不完美，帮助孩子学会在纵向比较中不断完善自我认知，发展成为更好的自己，而不是盲目地在与他人的横向比较中丧失自我。一名合格的家长，会通过储备丰富的家庭教育知识、营造良好的家庭教育氛围、充分利用学校资源与社会资源，对孩子进行有益的家庭教育，从而使孩子具有更高尚的品德、更健康的身心、更丰富的生活技能、更全面的社会素养。在这样的环境中成长的孩子，更容易在学校教育中收获良好的体验，在社会教育中实现自身的价值。

# 第一节 "家长是孩子的第一任'老师'"不是说说而已

"养不教，父之过；教不严，师之惰。"这是一句大家耳熟能详的话。

看到这句话后，多数人会觉得它简单至极吧？确实，这是连幼儿园的小朋友都会背诵的句子。然而，这12个字中的要求，您达到了吗？做对了吗？收到成效了吗？您践行这句12字箴言后在家庭教育中获得的收益是什么？您的孩子具备自主学习的能力吗？您的孩子理解您的辛勤付出并对您怀有感恩之心吗？您的孩子具备独立获得幸福生活的能力吗？如果结果不尽如人意，我们需要转换心态，认真地想一想：在家庭教育的过程中，除了要求孩子认真学习，您引导孩子掌握应对社会变革的技能了吗？除了教会孩子应对考试，您引导孩子掌握幸福生活的密码了吗？您真的理解教养子女的真谛吗？过去、现在和将来，您能始终是一个好家长吗？

笑笑即将参加中考，笑笑妈妈最近格外紧张，她总是担心笑笑中考时发挥不好，考不出好成绩，影响将来读高中。

这天，笑笑写完作业，打开素描本，想画一张画送给班主任老师留作纪念。妈妈见笑笑没有做题，急忙走过来对笑笑展开了猛烈的攻势："笑笑，眼看火烧眉毛了，你怎么还有心情画画呀？你是不是不知道现在的中考竞争有多激烈呀？万一你考不上高中，将来就只能去读中专，当工人。你一辈子都不可能有出息……"

听完妈妈的话，看到妈妈如临大敌的样子，笑笑不禁紧张起来，因为她想象不出考不上高中的话，自己的生活会变成什么样子，也想象不出妈妈所说的"一辈子都不可能有出息"是一种什么样的落魄景象。

于是，每次模拟考试时，妈妈的"叮嘱"都会在笑笑耳畔盘旋，笑笑越想越紧张，考试的成绩居然一次比一次差……

这一切，不正是笑笑妈妈的过度紧张所造成的连锁反应吗？

墨菲定律告诉我们，事情往往会朝着你所想到的不好的方向发展，故事中的笑笑妈妈非但不能理性地面对笑笑读高中还是读中专这件事情，反而将自己的错误认知和紧张情绪变本加厉地传递给笑笑，使笑笑产生了更加严重的恐惧心理，进而影响到模拟考试的成绩。我们不能否认笑笑妈妈是一个关心孩子前途和命运的家长，只是人在能力不足的情况下往往会出现关心则乱的现象。笑笑妈妈以现有的认知是无法给孩子提供积极、有益的支撑

的，她距离一个好家长还有好长一段距离。那么，一个好家长需要符合哪些基本标准呢？

## 一、应对社会变革的思考力

很多家长愿意为孩子的成长花费大把的金钱、投入大量的时间，却忽略了向孩子传授独立思考问题的能力。

我们不妨以笑笑的故事为例进行适当思考：其实，读高中真的并不意味着一个人的人生注定能够飞黄腾达，实现生命的意义也并非只有考高中、上大学这一条途径。学校生活只是人生中的一小段旅程，离开校园，我们还要扮演更多的角色，在家庭里扮演父母、儿女、伴侣的角色，在职场中扮演员工、领导的角色，在社会上扮演各种职业的从业者的角色……社会分工不同，每个人最终要扮演的角色必定是不同的，扮演好这诸多角色的关键，就是找到自己的兴趣所在，做最好的自己。过去，真的有很多"小镇做题家"通过考试这条路改写了人生，但更多被迫冲进题海的人依然淹没于人海。当下，国家大力倡导职业教育，释放的是对培养技能人才高度重视的信号，作为家长，只要把未来两条不同方向的道路清晰、理性地描述给孩子，提出指导意见，让孩子结合自己的理想和实际情况自己决策就好了；完全没有必要像笑笑妈妈一样，把焦虑投射给笑笑，使笑笑在迷茫中惶恐和不安。

社会在不停地变革，新的问题会层出不穷地涌现，除了应对这些变革的思考力，几乎鲜有永久适用、永不过时的方法与能力。思考力能够帮助我们客观、理性、辩证地看待问题，家长拥有思考力，会在无形中给孩子树立优秀的榜样，使孩子在潜移默化中学会独立思考，能够勇敢、坚定、积极地面对未来的社会变革，受益终身。

## 二、能够启发人心的表达力

笑笑妈妈的初心是希望通过自己的督促，使笑笑认识到学习的重要性和时间的紧迫性，但她并不恰当的表达非但没能有效地把这些信息传递给笑笑，反而加重了笑笑的心理负担。更加恰当的表达可以分为两步：（1）帮助笑笑梳理和明确奋斗目标；（2）通过目标拆解，帮助笑笑制订复习计划、合理规划时间。同时，除了要明确地表达目标，还要注意在表达的过程中控制好自己的情绪，避免因为情绪管理不当，激发孩子的逆反心理，适得其反。

## 三、接受孩子缺点的包容力

"龙生龙，凤生凤，老鼠的孩子会打洞。"这句话不仅说出了原生家庭对孩子未来成就的奠基作用，而且也在提醒家长——我们所生养的孩子不曾挑剔我们所营造的成长环境，未曾要求我们成为世界首富、体育冠军、学术专家……我们又有什么理由对

孩子的智力水平、脾气秉性、特长爱好挑三拣四、横眉冷对呢？包容孩子的缺点，才能从内心深处为孩子送出最真诚的爱和赞美，让孩子获得成长的最强动力；包容孩子的缺点，也是在接纳和包容我们自己。

### 四、摆脱年龄羁绊的学习力

时代和社会的发展速度越来越快，仿佛稍不留神，还是曾经那个少年的我们就会跟不上这种发展和变化。有些人被裹挟着前进，被动且力不从心；有些人安于现状，逃避且故步自封；有些人积极地开展自主学习，使自己保持向上的学习力，在最大程度上和社会"同频"、和孩子"共振"，显然，这样有助于使家庭氛围更加和谐，亲子关系更加融洽，我们也更容易在生活中拥有获得感、幸福感。想教育好孩子，就需要摆脱年龄的羁绊，摒弃守旧的思想，保持旺盛的学习力，不断更新教育理念，不断提高自己的认知，使自己与时俱进、不断提升。你如果现在还没拥有这种学习力，就从现在学起来，因为每个现在都是最好的开始。

### 五、积极面对生活的思维品质

幸福力可以理解为一个人感知幸福、获得幸福的能力。人类生存的终极目标是获得幸福生活。虽然对于"什么是幸福"，一千个人可能会给出一千个答案，但我们总能找到帮助这一千个人拥有幸福生活的共同"法宝"，那就是积极面对生活的思维品质。积极地面对困难，可以使我们获得解决困难的内在动力；积极地面对感情，能让我们的人际关系更加融洽；积极地面对家庭，会让我们的生活充满希望；积极地面对孩子的成长，会让孩子拥有更加美好的未来。而这一切，又恰好会使我们的生活更加幸福美满。

下面表格中的内容是在相同情况下，具有消极、积极两种不同态度的人做出的反应，不妨对照检验一下，了解自己的态度是消极的还是积极的，并刻意培养积极的思维品质。

| 不同人看待家庭的态度对比 | |
|---|---|
| 消极的人 | 积极的人 |
| 凑合着过。 | 努力经营。 |
| 我命不好。 | 我一定能够通过提升自己改变家庭的现状。 |
| 我犯了一个大错误。 | 我错在哪里了？怎样才能改正错误？ |
| 要是我再年轻一点儿…… | 当下的我比未来的每一天都年轻。 |
| 我的文化程度不高。 | 我会不断学习。 |
| 他应该帮助我。 | 幸福要靠自己去创造。 |
| 不要去冒险。 | 要学会管理风险。 |
| 我对未来不抱多大希望。 | 努力尝试和坚持才有希望。 |
| 家人并不理解我。 | 我要多与家人沟通，促进家人彼此理解。 |
| 我说了多少遍他都不改。 | 我要改变沟通的方式。 |
| 我年龄大了，不想改变了。 | 我必须更新自己。 |
| 这是一个让我感觉不安的家。 | 这是一个充满希望的家。 |

| 不同人看待孩子问题的思维方式 ||
|---|---|
| 消极的人 | 积极的人 |
| 在孩子出现问题时发火或无奈。 | 通过学习和请教，想办法解决问题。 |
| 这是孩子的错误。 | 这是我的原因造成的错误。 |
| 这孩子没救了。 | 没有教育不好的孩子，只有不会教育的父母。 |
| 我要改变孩子。 | 我先改变自己。 |
| 只看孩子的缺点。 | 先看孩子的优点。 |
| 孩子不爱学习是因为没有遇到好老师。 | 我需要先变成一个好学的人，给孩子做好榜样。 |
| 孩子不独立，太没有主见。 | 我应该放手让孩子锻炼。 |
| 孩子脾气不好。 | 我要提高自身修养，不在家里发脾气。 |
| 孩子心眼小。 | 我要成为一个大气的人。 |
| 孩子没有上进心。 | 我要成为有上进心的人。 |
| 孩子太叛逆。 | 我要和孩子成为朋友。 |
| 不同人对待孩子学习的思维方式 ||
| 消极的人 | 积极的人 |
| 一定要让孩子考一所好学校。 | 一定要找到一所适合孩子的学校。 |
| 渴望孩子拿第一名。 | 渴望孩子成为他愿意成为的人。 |
| 孩子成绩下降了，真糟糕。 | 真好，我有了发现孩子问题的机会。 |
| 只期待孩子学习好。 | 期待孩子能够全面发展，开心快乐。 |
| 孩子的问题是长久的。 | 孩子的问题是暂时的。 |
| 多报补习班，孩子的成绩就能好。 | 不断激发孩子的学习兴趣是关键。 |
| 只让孩子学习书本中的知识。 | 创造机会让孩子多体验生活。 |

家教：好家教需要好家长

| 孩子比别的孩子落后太多。 | 孩子的发展空间很大。 |
|---|---|
| 这孩子脑袋空空的。 | 一定要想办法帮助孩子填补知识的空白。 |
| 孩子学习不好，将来一定没有出息。 | 只要孩子有梦想，一切都会好起来。 |
| 我的孩子真糟糕 | 我要试着发现孩子身上的闪光点 |
| 不同人对待家庭教育的思维方式 | |
| 消极的人 | 积极的人 |
| 孩子现在已经不错了。 | 眼界决定未来世界，我不能让孩子做井底之蛙。 |
| 只要孩子学习好，我就放心了。 | 孩子积极进取而且性格好，我就放心了。 |
| 除了学习好，我对孩子没要求。 | 我要帮助孩子成为精神强大的人。 |
| 我不能让孩子吃苦。 | 吃苦的体验能促进孩子的心灵成长。 |
| 要让孩子将来发大财、做大官。 | 孩子拥有好品质，才能拥有好未来。 |

"家长是孩子的第一任'老师'"，这句话不应该只是说说而已。为了家庭的幸福和谐，为了孩子的美好未来，希望每一个家长都能从改变自身做起，成为孩子学习的榜样和成长的动力。

第一章 家庭教育到底教什么

# 第二节　好孩子需要家长与老师合作共育

以家庭教育为圆心，以学校教育为半径，家庭教育与学校教育共同画出世界上最美的圆——下一代。

不知道从何时起，老师、妈妈常被当成学校教育和家庭教育的代表进行比较，我们时常可以听到这样的言论——"好妈妈胜过好老师""好老师胜过好妈妈"。其实，完全没有必要将二者进行比较，并且分出高低胜负，二者之间应该有另外一种更好的关系，即进行积极有效的互动，形成家校合作关系，为促进孩子发展提供合力。

家校合作，即家庭与学校以沟通为基础合力育人的一种教育形式。在家校合作的过程中，根据家长对待学校教育的不同态度，可以将家长简单地分为三类：

第一类是自诩教育专家型家长。这类家长往往有一套自己的教育方法，对学校教育持漠不关心的态度，对配合老师的工作也没有丝毫热情，这类家长教育出的孩子对老师和知识都不够尊重，大多缺乏与他人合作的能力。

第二类是盲目焦虑型家长。这类家长既不关注孩子的个性发展，也不了解教育政策和环境，往往只是跟在别人身后，依样画葫芦地教育孩子。别人家孩子学什么，自己家孩子也跟着学什么；别人家孩子的成绩好，他们就要给自己家的孩子施压。这类家长所教育的孩子承受的心理压力最大。

第三类是弃管型家长。这类家长往往由于精力不足等原因，对孩子的学习完全放任不管，这类家长教育出的孩子出现的问题最多。

在小学低年级阶段，家长们普遍重视并能够积极参与孩子的学习活动，如检查、辅导作业等，但当孩子进入小学中高年级阶段后，随着孩子学业难度的增加和孩子个性的形成，亲子矛盾会不断激化，弃管型家长所占比例会逐渐增大。

小帅的妈妈经营着一家餐厅，平时生意很忙；小帅的爸爸在一家公司做销售总监，时常出差。一年下来，一家人聚在一起吃饭的机会很少。为了让小帅顺利读完小学，爸爸妈妈商量后决定送小学六年级的小帅去寄宿学校读书。

开学不久，小帅的班主任王老师就频繁地把小帅妈妈"请"到学校，"控诉"小帅在学校里的种种行为：上课睡觉、顶撞老师、不写作业，还对同一宿舍的同学大打出手。最初，小帅的妈妈能够耐心地听王老师把话说完，但仅限于听听而已。来学校的次数多了，小帅妈妈终于忍不住对王老师说："老师，我和孩子爸爸真的很忙，我只有小学文化，孩子课本上的知识我根本不会。我实在教育不了孩子，这才把孩子送到寄宿学校，

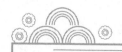
对于孩子的教育问题，就只能拜托您多费心了。"说着，小帅妈妈递给王老师一个大红包。

王老师看了看小帅妈妈递过来的红包，摆了摆手，语重心长地说："小帅妈妈，金钱固然很重要，但与孩子一生的发展比起来，真的显得微不足道。对孩子进行文化课教育，是我们老师的职责，但孩子对于来自父母的关心和爱的需求，只有你和孩子爸爸才能满足。多关心关心孩子的心理状况吧，他真的很需要你们。如果我们能分别从知识学习和情绪疏导两个方面帮一帮小帅，我相信，他能成为更好的孩子……"

原来，具有多年班主任工作经验的王老师通过观察发现，小帅在学校之所以有种种不良表现，是因为他对爸爸妈妈非常失望和不满。在小帅看来，爸爸妈妈的眼里只有钱，他渴望得到爸爸妈妈更多的关注，求而不得，便希望通过各种叛逆的方式引起爸爸妈妈的注意。这种现象在青春期的孩子中间比较常见，只要家长肯与老师积极配合，孩子的问题可以得到解决。

后来，小帅妈妈与王老师积极配合，从家庭和学校两个方面对小帅进行教育，在最近的一次评选中，小帅被同学们评为"进步之星"。现在，他的学习劲头越来越足，也没再发生在课堂上睡觉、与老师顶嘴、与同学打架的事情。

故事中小帅的家长最初属于弃管型家长。这类家长认为学校是专门的教育机构，老师是专业的教育实施者，所以，孩子进入学校以后，家长就可以全身而退，把教育孩子的任务全部交给老师和学校，自己对孩子的教育问题漠不关心。他们错在不能充分认识到学校教育具有普适性，是为满足大多数学生的需要而开展的基本教育活动，而作为教育对象的学生往往具有特殊性，尤其是存在问题的学生，只有得到家庭的有力配合，学校教育的效果才能得到有效巩固，学生才能有更持久、更深入、更稳定的发展。

有人把学校和家庭比喻成等腰三角形底角的两个顶点，把孩子比喻成等腰三角形顶角的顶点，学校和家庭合作得越紧密，孩子所受到的合力就越大，能达到的点就越高。为了能和学校教育一起把孩子托举得更高，家长不妨从以下几个方面与学校进行合作。

## 一、做学校教育思想的忠实贯彻者

家长应主动学习学校传播的家庭教育思想和教育方法，并应用于家庭教育实践中，使孩子从两个场地接受到统一的教育。心理学中有一个"手表定律"（也称"矛盾选择定律"）：当一个人只有一块手表时，他可以准确地获得当下的时间，但当他同时拥有两块手表，而两块手表所显示的时间又有所不同时，他就无法确定哪块手表显示的时间是准确的。这种不确定会使手表的主人失去对手表的信任，甚至陷入矛盾带来的焦虑之中。所以，家长有必要贯彻学校的教育思想，这有利于避免孩子的行为陷入混乱、无所适从的状态，从而使其获得稳定、一致的发展。

## 二、做学校教育活动的积极响应者

家长应积极响应并参与学校组织的各项教育活动，如加入班委会、为班级提供扫除用具、报名加入校园安全监督员、做班级活动志愿者等，家长的参与不仅能够促进家庭与学校的交流，使他们更多地了解孩子在校园中的真实表现、与同伴之间的关系，而且能够使孩子在同伴面前更自信，在班级活动中收获更加良好的体验。家长让孩子参与这些活动，能够激发孩子在融入班级、提高自我等方面的内在动力，使其更加热爱班级、热爱学习，更乐于参加集体活动。

## 三、做学校教育行为的有益补充者

家校合作的重点在于沟通与合作。家长在发现孩子的优势或不足时，可与老师沟通，为发展孩子的优势或弥补孩子的不足找到适当的方法，制订合适的计划，以便为学校的教育活动做有益的补充。需要注意的是，老师每天需要面对几十名学生，需要处理的事情复杂而繁多，家长在与老师沟通的时候最好提前做好准备，言简意赅地将想要了解的情况、最近发现的问题、希望获得

的帮助讲清楚，这样可以大大提高沟通的效率。而当老师在教学中提出并不完善的观点或表现出不完美的形象时，家长要尽力在孩子面前维护老师的权威，促使师生之间建立起和谐的关系，引导孩子敬师、乐学。

好孩子需要家长与老师的合作共育。希望每一个家长都能积极参与对孩子的教育，成为家校合作共育的执行者，这样才能成就孩子更好的未来。

## 第三节　家庭是孩子行稳"万里路"的起点

对孩子来说，生活就是一所学校，一草一木都可以成为研究和探索的对象。

与学校教育和家庭教育相比，社会教育往往没有那么明亮的光环，但这无法撼动社会和社会教育是个人发展的主要赛场和重要途径的地位。

社会教育是以发展孩子的社会性为目标，以增进孩子的社会认知、激发孩子的社会情感、引导孩子的社会行为为主要内容的教育。具体而言，社会教育指教育者通过特定的途径和方法帮助孩子正确地认识自己、他人和社会，学会正确地对待自己和他人，掌握社会交往的技巧和方式，同时形成积极的社会情感，主动适应社会的过程。

如果把人们对学校教育的普遍认识比喻为"读万卷书"的话，社会教育就是要让孩子"行万里路"，在"行万里路"的过程中进一步唤醒孩子的自我意识，提高孩子的人际交往能力，使孩子具有适应社会环境与社会规范、了解社会文化，正确地对待自己、对待事情、对待他人、对待集体的能力。人生要读"万卷书"，更要走"万里路"，每个家庭都是孩子行稳"万里路"的起点。作为家长，你愿意为孩子行"万里路"提供哪些支持呢？

社会教育的发生场地在家庭和学校之外，既需要家庭和学校给予足够的重视，也需要一切社会机构、社会团体以及个人以有目的、有计划、有组织的教育形式持续开展，还需要受教育者在社会活动和日常生活中通过耳濡目染的方式，持续地积累自己的所见、所闻、所思、所感。

社会教育是泛在的教育，只要善于利用，生活中的任意一个细节，如参观、旅游、社会实践、逛街、购物、拜访，甚至闲聊等都可以成为开展社会教育的机会。而且，某些方面的教育必须依赖社会教育来开展。

## 六岁孩子的交警梦

六岁的小男孩豆豆（化名）得了白血病，正在积极地接受治疗。

豆豆有一个梦想，长大后要当一名交警。家乡的交警听闻此事后，决定帮助豆豆实现这个愿望。

几天以后，几位交警叔叔开着执勤时驾驶的摩托车把豆豆带到路口，手把手地教他指挥交通的手势，还鼓励他积极地配合治疗，欢迎他长大后正式加入交警队伍。

疾病给豆豆的生活蒙上了一层阴影，交警叔叔们却用实际行动向豆豆的梦想投来一束光，帮助豆豆体验到生活的美好，在豆

豆心中播种下美好的种子，这是只有社会教育才能达到的效果。

## 博物馆里课程多

孔子博物馆立足于文物资源丰富的特点和优势，定位于博物馆与家庭教育的融合，以6~12岁的学生为目标群体，推出了"孔府点心制作体验系列课程"。

课程以孔府饮食文化为核心，以孔府点心为重心，遵循教育性、主体性和适用性的原则，融合历史、语文、美术、德育、劳动技能等学科的教育理念，融入中华优秀传统节日和传统时令节气元素，将文物和档案中对孔府点心的静态展示转换为动态的活动与互动体验，形成孔府点心与传统节日、孔府点心与四季时令、孔府点心与吉祥纹饰等三个子课程。

这种实地欣赏、实践体验的活动，能使参与者掌握孔府点心制作的基本技艺，提升参与者的动手操作能力、观察能力、协作能力、审美能力等，使其内在的深厚文化底蕴以润物细无声的方式浸润孩子们的心灵，激发孩子们对传统文化的热爱，激励孩子们更好地传承、传播中华优秀传统文化，有效地发挥博物馆的社会教育职能。

人的一生就是一个不间断的学习过程，我们无法也无须在学校完成所有内容的学习。每一个家长都希望自己的孩子成才、幸福地生活，使孩子成为对社会有贡献、有信心的人。我们要从孩子小时候开始，让他们经常走出家门和校门，积极步入社会，接受更全面、更科学、更实用、更广阔的社会教育，使他们把开启幸福生活大门的钥匙牢牢地握在自己手中。

## 一、让孩子广泛参与公益性的社会教育

图书馆、博物馆、美术馆、档案馆、科技馆、天文馆、少年宫等是具有社会教育职能的公共文化服务机构，而且都是公益性质的，这些机构中的学习内容更专业、更系统，所组织的学习活动和形式也丰富多彩，有利于孩子系统地掌握从课本中学不到的文化知识，对开阔孩子的科学文化视野具有重要作用。家长可以通过查询相应机构的网站、关注相应机构的公众号、电话咨询等方式了解各个机构的具体开放情况和活动开展情况，选择合适的时间带孩子参与各种社会教育活动。对于低年级孩子的家长来说，他们在这些社会教育中更容易发现孩子的兴趣爱好，有助于有针对性地培养孩子的兴趣特长。

## 二、鼓励孩子参与团队性的社会教育

实践是孩子获得新知、提升个人素养的重要渠道，但以个人为单位开展的实践活动往往缺少吸引力，难以持续，如果孩子能参与到合法的社会组织所开展的社会实践活动中，如志愿者协

会、体育联盟、艺术社团等，不仅能够极大地提高孩子参与活动的积极性，而且有利于孩子获得专业的指导，有机会在更大的平台上展示自己的特长。

以参加志愿者协会为例，参加志愿服务活动不仅有助于孩子学习如何与同学以外的人群交往、合作，而且能够培养孩子的责任担当意识，促进其与社会的良好融合，有助于孩子成为一个完整意义上的社会人，在自觉地帮助他人、服务他人的过程中体验到责任感与意义感，形成主动付出、自觉行动、勇于承担责任的积极品质。

### 三、带孩子积极参加体验式的社会教育

外出游玩会给孩子带来丰富的社会体验，孩子在旅途中能够见识到不同地方、不同民族的风土人情、建筑风貌，能够增长孩子的见识；经常带孩子外出游玩，不仅可以让孩子呼吸到大自然的新鲜空气，而且可以使孩子的身体得到锻炼，增强孩子的免疫力；对于平时工作忙的家长来说，短暂的旅行还可以实现对孩子的有效陪伴，增进亲子感情。

对于外出游玩的地点，家长可以根据时间长短和经济实力自主选择，既可以去国外领略异国风情，也可以游览祖国的名山大川，甚至可以选择郊游，重要的是在"行万里路"的过程中让孩子放松身心、有所收获。

最初组织外出游玩活动时，家长应做好充分的准备工作，

提前了解目的地的天气、道路、住宿等情况，准备必需的食物、衣物和应急药物，做好费用预算。随着孩子不断长大，家长可以慢慢地把这些事情交给孩子来做，逐步提高孩子的生活能力。

## 四、注重对孩子进行启发式的社会教育

除了借助社会机构、社会组织让孩子接受社会教育以外，家长还可以随时随地就社会现象、社会问题等与孩子进行交流，或者引导孩子就生活中的某一问题展开力所能及的调查，对孩子进行启发式的社会教育。

例如，就"生命的意义"这个话题，家长可以通过带孩子多看望家族中的老人、讲述老人的人生经历、讲述老人子女的生活状况等，使孩子感受各位老人所经历的人生，启发孩子对人生和生活意义展开思考，再结合社会发展来定位自己的人生目标。

除此之外，生活中细小的所见所闻也是对孩子进行启发式的社会教育的良好素材。例如，当家长和孩子遇到如下情况时，家长可进行有针对性的教育：看见路边有人打架时，可以启发孩子思考如果他是当事人之一会采取怎样的行动；听见娱乐新闻时，可以启发孩子学会辩证地对待有关明星的热点问题；遇见有人在路边求助时，可以启发孩子懂得如何辨别哪些人真的需要帮助、如何合理地帮助他人等；在得到别人的帮助后，要让孩子懂得感恩——这个世界上并不是每个人都愿意帮

助别人，对于那些热情地向我们伸出援助之手的人，我们一定要有所回报，用我们的善良保护他们的热情，让他们愿意帮助更多的人。

# 第二章
# 家庭中的道德品质教育

　　我们常说做人要"德才兼备"，因为德才兼备的人更受欢迎，更容易被社会所接纳。

　　中国传统文化特别注重一个人的道德品质教育。当前，社会的发展与进步也离不开道德的力量，但是随着经济的发展、物欲的膨胀，道德教育受到了金钱和物质的冲击和挑战，所以，抓好道德品质教育对我们这个时代更为重要。

道德品质教育强调"以人为本"，其主要教育目标是使孩子能够正确地认识自己、理解自己，并且能够树立起正确的世界观、人生观以及价值观。

调查表明，54%的大学生认为他们所接受的道德品质教育来自家庭，60%的大学生认为这种道德品质教育来自父母，他们更相信父母的传授。这表明了家庭教育在道德品质教育中的重要作用。因此，在家庭教育过程中，家长应该正确认识道德品质教育的重要性，帮助孩子成为德才兼备的人。

## 第一节　有爱心的孩子才幸福

我们常常教育孩子要学会关爱同学、爱护小动物、爱爷爷奶奶和爸爸妈妈……并把关爱当成道德品质教育的一个重要方面，认为不能关爱他人的孩子在道德品质方面是存在问题的。其实，这种单向的关爱教育会让孩子在潜意识中形成一种错误观念：周围的一切都重要，所以我要关爱他人，而我并不重要，我不需要关爱自己。事实上，我们应该首先教育孩子学会关爱自己，因为一个真正懂得爱自己的人，自然会释放出内心的爱，去关爱他人。自我关爱——这种具有巨大能量的爱的培养，需要以父母的有效陪伴为基础和前提。

## 一、什么样的陪伴才是有效陪伴

人们常说陪伴是最长情的告白，家长大多数情况下又是如何陪伴孩子的呢？一份调查结果显示，97.2%的家长愿意花时间陪孩子，但他们在陪伴过程中经常"开小差"；49%的家长陪伴孩子时只会旁观，不会参与到孩子的世界里面去；51.9%的家长在工作和陪孩子发生冲突的时候选择了工作……皮尤研究中心的统计数据显示，对于家长陪伴孩子的有效时间，"及格线"为每周21.2小时，也就是家长每天至少需要陪伴孩子3个小时。而仅仅达到这个时间标准的陪伴，就真的是有效陪伴吗？

### 形同虚设的陪伴

正在读小学六年级的琪琪数学成绩不太理想，为了提高她的成绩，妈妈每天都会单独给她布置几道数学题。琪琪说："妈妈总是扔给我一大堆数学题，我做题的时候，她就在一边看手机。那些题好难啊，我遇到不会做的，她又不肯给我讲解。"

在琪琪的眼里，妈妈是一个手机迷，陪她写作业时看手机，吃饭时看手机，走路时看手机，躺在床上时也在看手机，仿佛手机才是她最疼爱的孩子。琪琪每次提醒妈妈不要看手机，她都会说："我这不是在玩儿手机，而是在办正事，你等我把这个表格填完，把这条信

息发完……"

从时间上讲，妈妈对琪琪的陪伴是足够多的；但就陪伴质量来讲，妈妈的陪伴使琪琪产生了手机和工作才是妈妈最疼爱的"孩子"的错觉。这种形同虚设的陪伴又怎么能称为有效陪伴呢？

## 充满控制的陪伴

那天，我在甜品店等人，邻座来了一对母女。女孩看起来像在读初二或者初三的模样，她打算做作业，妈妈在一旁陪同。女孩翻出数学卷子，妈妈说："你不能先写这个，应该先做阅读，一会儿就上阅读课了。"女孩的脸色有点儿阴沉，她收起数学卷子，拿出阅读习题册开始做题。妈妈又连忙说："你怎么先写这一课呀？你应该先写……"还没等妈妈说完，女孩忍不住反驳："哎呀，有完没完！这个也不行，那个也不行，是你写作业还是我写作业？""你这孩子怎么这么不知好歹！我天天陪着你还错了？"

故事讲到这里，有些家长会忍不住站在女孩妈妈一边："现在的孩子怎么都这么不懂事？现在专职给孩子做陪读的家长太不容易了……"但是，我们更应该关注这位妈妈那充满控制欲、令人窒息、专制的爱。

在妈妈的眼中，女孩是一个有尊严、能够对自己的事情独立做主、活生生的人吗？不是。她甚至连决定安排作业的先后顺序的权利都没有，这种剥夺人的自主性的陪伴不是有效陪伴，更不是爱，而是禁锢、扼杀。

## 以物代人的陪伴

跳跳的爸爸是一家公司的老总，每天都忙着在外面处理生意上的事情，平时很少回家。每次跳跳想爸爸，给爸爸打电话的时候，爸爸都会让秘书买一份贵重的礼物送给跳跳，并对跳跳说："虽然爸爸工作忙，但爸爸是爱你的，这些礼物就是最好的证明。"虽然收到了很多贵重的礼物，但跳跳始终不开心，比起收到礼物，他更想得到爸爸的陪伴。

很多家长都认为拼尽全力挣更多的钱，给孩子买最好的礼物可以替代对孩子的陪伴，是对孩子最好的爱。其实，这只是成年人的一种补偿心理或自我安慰。孩子在成长的过程中固然需要物质基础，但孩子在精神上对于父母的依赖和需要，更应该被我们积极回应。

可见，真正的有效陪伴不仅需要家长付出宝贵的时间，而且需要家长和孩子有真正的交流，形成思想的互动，家长要积极响应孩子内心的精神需求。

## 二、如何实现有效陪伴

要做到有效陪伴，可以从以下两个方面下功夫：

1. 尝试"正念陪伴"

正念可以理解为专注地做当下在做的事情，不受其他事情的干扰，对孩子的需求给予及时、有效的回应。如家长在陪孩子玩儿的时候只是专注于玩儿本身，不去想与自己喜爱的网络游戏有关的事情、工作上没有处理完的事情、其他与陪孩子玩儿这件事无关的事情。正念陪伴是真正高质量的有效陪伴。

有效陪伴并不意味着家长需要每时每刻都陪在孩子身边，比这更加重要的是家长与孩子的心灵沟通。如果我们真的用心陪伴孩子，对孩子的需求给予及时的回应，即使陪伴的时间只有几分钟，我们也能很好地跟孩子建立起连接，对孩子产生深刻的影响。

2. 陪伴要有目的

孩子过着什么样的生活，就是在接受什么样的教育。如果家长在陪伴孩子的过程中融入陪伴以外的目的，会使难得的亲子时光过得充实而有意义。

（1）在陪伴中做一个"引导者"。生活中处处有学问，在陪伴孩子的过程中，家长要引导孩子发现生活中有趣、有用的自然现象、社会现象、科学现象，再引导孩子说出其中的奥秘，帮助孩子养成观察、分析、总结的习惯，这对提高孩子的观察能力、分析能力、表达能力、逻辑思维能力具有很大的帮助。

以带孩子去动物园为例，家长可以在到达每个景点时有意识地提醒孩子："现在，我们来到了××景点。"在看到每一种动物时，家长可结合展示牌向孩子介绍该种动物的特点。在游览完动物园以后，家长可以以口述或绘图等形式引领孩子做总结："今天，我们在动物园游览了四个景点。第一个景点是××动物展区，我们在这里看到了五种动物……第二个景点是××动物展区，我们在这里看到了三种动物……"在总结的过程中，我们不必纠结于内容的精准与否，帮助孩子养成良好的习惯才是重点。

（2）在陪伴中做一个"夸奖者"。夸奖是对人做出的积极而肯定的评价，对促进孩子健康心理的发展、良好道德品质的形成具有积极的作用。好孩子是夸出来的，无论是处于形成自我意识阶段的孩童，还是处于发展自我同一性阶段的青少年，都需要足够的外在反馈来帮助自己合理定位。在家庭教育中，家长不要吝啬自己的夸奖，尤其要在陪伴孩子的过程中不断发现孩子身上的闪光点，积极地予以肯定。

在夸奖孩子的过程中，家长除了要注意做到"要夸具体的事，不抽象地赞美"，以免使孩子过高地认识自己，产生自大心理以外，还要注意做到：夸优秀品质，不夸好看外表；夸个人成长，不盲目与他人比较；夸努力过程，淡化事情结果。切忌正话反说，不要为了夸奖而夸奖，这不仅起不到夸奖的作用，反而会引起孩子的反感。

| 错误夸奖示例及原因分析 | 正确夸奖示范及原因分析 |
|---|---|
| 当孩子取得好成绩的时候 | |
| 示例：你比隔壁豆豆分数高，真是太聪明了！ | 示范：成绩是你认真学习换来的，要继续加油！ |
| 分析：抽象赞美，盲目与他人比较。 | 分析：关注个人成长，夸努力过程。 |
| 当夸奖一个漂亮的小姑娘的时候 | |
| 示例：这孩子长得真漂亮！ | 示范：这孩子五官端正，服装搭配得体，让人看了赏心悦目。 |
| 分析：夸外表。 | 分析：夸品质。 |
| 当孩子考试成绩不理想的时候 | |
| 示例：儿子你真厉害，这次没考倒数第一名，有进步！ | 示范：虽然这次考试成绩不理想，但妈妈看到了你的努力，妈妈相信你会凭借这种精神更上一层楼。 |
| 分析：正话反说，为了夸奖而夸奖。 | 分析：夸努力过程，淡化事情结果。 |

## 三、在有效陪伴中引导孩子学会关爱自己

　　小学三年级的小明个子很高，身体也很强壮。小明妈妈没有想到自己的儿子居然会在学校被同学欺负，而且欺负小明的是一个小学一年级的学生。原来，在小明和同学玩儿篮球的时候，这个一年级的小孩儿跑过来抢小明手里的篮球，小明不肯放手，一年级的小孩儿二话不说，张开嘴巴狠狠地咬在小明的手上。事后，小明既没有哭着喊疼，也没有找那个小孩儿"算账"，而是默默地走到校医室，请校医帮助自己处理伤口。

　　看着小明手上被咬后留下的牙印，小明妈妈心疼地

问："明明，很疼吧？你怎么不还手哇？"

小明苦笑着说："妈妈，您经常教育我要关爱弟弟，那个同学的年龄和我弟弟一样大，他还是个小孩子，所以，我不能还手。"

很多家长会像小明的家长一样教育孩子要关爱他人、关爱弱小，学着做一个懂事的孩子，可事实是，往往越懂事的孩子越得不到关爱，越不懂得争取爱，越不懂得爱自己。每一个家长在教孩子关爱他人之前，都应该首先教孩子学会爱自己。

1. 让孩子认识到关爱自己很重要

（1）引导孩子认识自己。在孩子小的时候，家长要引导孩子认识自己的身体，了解自己的身体器官，教孩子学会保护好自己的身体，让他知道如果受伤了要第一时间向大人求助；要让孩子知道，一旦生了病，要及时就医，并遵医嘱进行治疗；要以让孩子参与家庭决策等方式使其意识到自己在家庭中的身份，明确自己和爸爸妈妈等亲人组成一个大家庭，自己是这个家庭中的一员；要让孩子发现并明确自己身上的优良品质、坚毅性格、良好习惯，为孩子的身心健康发展打下基础。

（2）引导孩子厘清自己和他人的关系。在孩子开始与朋友、同学接触后，家长要引导孩子厘清自己和他人的关系，使孩子明确每个人都是平等的。家长也可以结合实际，与孩子讨论人和人之间以下各种关系的实质以及维持各种关系的底线：

同学关系　朋友关系　亲戚关系　师生关系　邻里关系

路人关系　亲子关系

### 2. 教孩子学会拒绝和反抗

中国人重视传承中华优秀传统文化，注重在与人交往中以和为贵、与人为善，所以我们很少教孩子拒绝别人，仿佛拒绝他人就意味着破坏了与他人的友好关系。其实，"和"的前提应该是和谐相处，双方都感到舒服。如果这种规则遭到破坏，在有可能遭受欺负或侮辱、有可能受到伤害时，我们要选择恰当的方式保护自己的安全，必要时要进行适当的反抗。拒绝和反抗他人时，我们要做到语气坚定而温和、态度自然而不强横。

曾有一名外国官员当着周总理的面说："中国人很喜欢低着头走路，而我们国家的人却总是抬着头走路。"此话一出，语惊四座。周总理不慌不忙，面带微笑地说："这并不奇怪。因为我们中国人喜欢走上坡路，而你们国家的人喜欢走下坡路。"

面对外国官员的傲慢无礼，周总理既没有一味隐忍，也没有横眉冷对地反驳，而是通过对比和暗讽进行反击，令外国官员不得不折服。

### 3. 家长要关爱和支持孩子

在父母的关爱下长大的孩子身上的那种自信和阳光，是无法被模仿和比拟的。曾经在微博上流行过这样一句话："那些在充满幸福的家庭里长大成人的孩子们身上的自信，是我永远也学不会的。"希望孩子学会关爱他自己，家长先要关爱孩子，给孩子足够的底气；尊重孩子的感受，给予孩子积极的评价；当孩子遇到困难时，不遗余力地给予帮助。

薛梅生长在一个单亲家庭，爸爸双腿残疾后，她一直和爸爸、奶奶生活在一起。学校里有几个坏孩子经常欺负薛梅，在放学的路上追赶她，骂她是"没娘要的孩子"，她从来都不敢反抗。

有一天，爸爸发现薛梅的眼角有一条划痕，猜想她在外面受到了别人的欺负，便委托隔壁的小朋友帮忙暗中观察薛梅上学、放学路上的情形。

得知薛梅的遭遇后，爸爸坐着轮椅，带着她来到两个坏孩子的家里，和他们的家长说了各自孩子的表现，并大声地告诉两个坏孩子："薛梅和你们一样，是父母最爱的孩子！"还要求两个坏孩子向薛梅道歉。

爸爸对薛梅的关爱虽然微不足道，但它足以感动薛梅幼小的心灵，给她积极面对生活的勇气。从那以后，两个坏孩子再也不敢欺负薛梅了，薛梅脸上的笑容也多了起来。

## 四、在有效陪伴中引导孩子学会关爱他人

很多孩子在大人的过分宠溺下养成了"以自我为中心"的习惯，专横、霸道、任性、自私自利，不顾他人感受，这样的孩子在集体生活中会受到更多的排斥，成为被孤立的对象。其实，

这些孩子并非不想关爱他人，只是他们不理解怎样做才是关爱他人。想引导这样的孩子学会关爱他人，家长可以尝试以下做法：

1. 以身示范，给孩子做好榜样

榜样的力量是无穷的，孩子的年龄越小，榜样的作用就会发挥得越大。意大利著名教育家蒙台梭利曾说过，早期的孩子具有"吸收性的心智"，也就是人们常说的"小孩子看见什么学什么"。这个道理在家喻户晓的故事《孟母三迁》中被诠释得十分清楚。正因如此，家长要在家庭日常生活中给出关爱他人的示范，例如，家人生病时予以悉心的照料，家人睡觉时帮忙盖好被子、减少噪声的干扰等，让孩子在充满温情的家庭氛围中感受到浓浓的爱意，学习关爱他人。

2. 发现并赞美孩子关爱他人的行为

当孩子在家中或与同伴玩耍的过程中学到或具有关爱他人的行为时，家长要及时予以肯定和称赞，并在重要场合表扬孩子的这种行为，增加孩子内心的自豪感，促进孩子将这种行为内化为自主意识。

3. 让孩子在集体中体验关爱的快乐

集体活动是孩子学习社会经验的重要机会。在孩子参加集体活动时，家长可以为孩子准备一些可以用来与他人分享的小零食、矿泉水、卫生纸巾等，让孩子有与他人分享爱心、表达关爱的机会，这种小体验会给孩子带来不尽的喜悦，使孩子感受到关爱他人的乐趣。同时，集体活动结束后，家长也可以用与孩子谈心的方式，引导孩子说一说其他同伴的所作所为。如果其他同伴

有值得学习和赞美的地方，家长要不吝赞美之词，使其成为孩子学习的榜样。

## 五、在有效陪伴中引导孩子学会关爱动物

动物是人类的朋友。大多数孩子都有饲养宠物的愿望。在饲养小动物的过程中，孩子可以因为照顾小动物而强化责任心，学习献出自己的爱心，在与他人就饲养宠物的问题进行交流的过程中，孩子的表达和交际能力也得到了锻炼。在饲养小动物的时候，需要注意以下几点：

1. 选择合适的宠物进行饲养

现代人饲养的宠物已不再局限于龟、鱼、鸟、犬、猫、兔等传统动物，有些人甚至饲养土拨鼠、宠物猪、蜥蜴、蛇等。从保护孩子安全的角度出发，我们可以饲养金鱼、乌龟等体型较小且不易伤人的宠物。

2. 遵守法规，科学饲养宠物

饲养宠物时，应保证宠物生活环境的卫生清洁，并按时消毒；在充分了解饲养方法的前提下，定时投喂食物；按要求办理饲养手续，并根据要求为宠物注射各类疫苗。

3. 以安全、友好的方式相处

在与宠物相处的过程中，我们要提醒孩子：应与宠物保持安全距离，在缺少保护措施的情况下，避免用身体或手直接接触宠物，触摸宠物后应及时洗手；不要用捏、掐、抓、拽等方式玩儿

宠物；不以大声吆喝、恐吓、追打等方式对待甚至虐待宠物。

### 4．注意饲养安全

孩子在与宠物相处的过程中也需要注意防范被传染疾病以及被猫、狗抓伤、咬伤等伤害性风险。若孩子遇到这些情况，家长应及时帮孩子处理伤口，并及时送医。

## 六、在有效陪伴中引导孩子热爱祖国

"一心装满国，一手撑起家；家是最小国，国是千万家；在世界的国，在天地的家；有了强的国，才有富的家。"《国家》这首歌表现了祖国与个人、家庭的密切关系。国之不存，何以为家？每个孩子生来都是热爱自己的家庭、热爱自己的祖国的，家长可以通过带孩子参观革命历史纪念馆、观看革命纪录片、讲述爱国志士的英雄故事等方式，向孩子传播爱国主义思想，激发孩子的爱国热情。同时，家长要注重对孩子的价值观引导，帮助孩子多了解学术大师，少崇拜娱乐明星；多为实现梦想发奋努力，少为暂时失意牢骚抱怨。

有爱心的孩子有幸福，希望每一个孩子都能够有幸成为那个心中有爱、眼中有光、脚下有力量的追光少年！

## 第二节　文明修养事关人生质量

文明修养是一个老生常谈的话题，我们在与人交往的过程中表现得讲文明、懂礼貌会给人留下深刻的印象，有些时候，这种细节上的表现甚至会决定一个人的命运，改变人的一生。

有修养的前提是有礼貌，很多人以为讲文明、懂礼貌就是不打人、不骂人、不随地吐痰，其实，文明修养是指在人际交往过程中的行为规范，体现着一个人对他人的尊敬、高度的自律、言行的得体和态度的真诚。根据应用场景的不同，文明修养可以分为说话时的文明修养、坐立行走时的文明修养、公共场所的文明修养、待客与做客时的文明修养、就餐时的文明修养、馈赠时的文明修养等。

### 一、说话时的文明修养

1. 说话时的姿势与动作

说话时的姿势往往能够反映出一个人的性格、修养和文明素质，说话时怎样的姿势得体呢？说话时，身体要保持端正，注意挺胸、抬头，身体正对着对方，保持一臂的距离；眼睛可以看着对方的眼睛，或使自己的目光在对方眼睛与胸前之间的范围移动，以传

递诚恳、亲密、友好的信号，不能东张西望，更不能盯住对方脸上的瑕疵、身上的污垢等看个不停；双手自然下垂或交叉放至小腹前部，不能用手指着对方；要注意说话的声音大小合适、语气平和、态度温和；口中不要嚼口香糖等东西，也不要做挤眉弄眼、挖耳朵、捏鼻子等小动作，以免给人留下傲慢无礼的不良印象。

2. 注意说话时的语言美

具有美感的语言不仅能体现说话人的个人修养和人格魅力，也能起到促进沟通的作用。以下20条文明用语，您的孩子掌握了吗？

- 尊敬别人要用"您"
- 表示歉意说"对不起"
- 感谢别人说"谢谢"
- 别人相送说"留步"
- 求给方便说"借光"
- 麻烦别人说"打扰"
- 看望别人用"拜访"
- 陪伴朋友说"奉陪"
- 等候客人用"恭候"
- 求人原谅说"包涵"

- 恭敬礼让要说"请"
- 真诚问候用"您好"
- 分别时候说"再见"
- 表示谅解用"没关系"
- 请求别人说"劳驾"
- 托人办事用"拜托"
- 宾客来到用"光临"
- 向人祝贺说"恭喜"
- 请人指点说"赐教"
- 归还物品说"奉还"

3. 注意语言的艺术美

语言是人类独有的能够反映一个人内心的真实想法和人文素养的交流形式，是人类沟通思想、抒发情感、表达观点的工具。提升语言的艺术魅力，可以从语言的准确性、语言所表达的情感

家教：好家教需要好家长

的鲜明性、语言的生动性以及语言的幽默、文雅、谦逊、有礼貌等多个方面着手。

（1）语言的艺术美体现在幽默机智上。有位青年演说家参加演讲比赛，在上台时不慎被电线绊倒了。正在鼓掌的观众们都怔住了，接着哗然声四起。然而，演说家并没有慌张，他从容地站起来，微笑着说："你们的热情掌声真的令我倾倒了。"妙语一出，气氛顿时活跃起来，赞美的掌声响彻大厅。

在面对突如其来的尴尬场景时，这位青年演说家并没有选择退却，更没有表现出恼怒的情绪，而是非常从容地把自己的跌倒与在场观众的热情联系到了一起。这样，不仅将自己从窘境中解救出来，还从侧面对观众给予了肯定，这种以机智幽默的表达化解尴尬的语言艺术，可谓一举两得。

（2）语言的艺术美体现在说话时的出口成章、旁征博引上。下雪天，甲约乙一起吃饭，对乙说："我准备了饭菜和酒水，晚上一起吃顿饭吧？"

同样的场景，白居易对好友刘十九说："绿蚁新醅酒，红泥小火炉。晚来天欲雪，能饮一杯无？"

这应该是没有对比就没有伤害的最好例证吧？对于同样的一件事，谁的语言更胜一筹，一目了然。

（3）语言的艺术美还体现在说话者对听话者的情绪关怀上。带有人身攻击、贬低色彩的语言不仅降低了说话者的水平，也阻碍了双方的有效沟通。"良言一句三冬暖，恶语伤人六月寒"说的就是这个道理。

4．有趣的谦词

说到语言的艺术美，就不得不说一说汉语中的谦词。谦词是用来表达谦虚的字词。谦词常被用在古代的书信中，现在的古装影视作品中也常出现谦词。

（1）含有"家"字的谦词：用于对别人称呼比自己辈分高或年纪大的亲属。

家父、家严：称自己的父亲。家母、家慈：称自己的母亲。家兄：称自己的兄长。

（2）含有"舍"字的谦词：用于称呼比自己辈分低或年龄小的亲属。

舍侄：称自己的侄子。舍弟：称自己的弟弟。舍亲：称自己的亲人。舍间：谦称自己的家，也称"舍下"。

（3）含有"鄙"字的谦词：用于称呼自己。

鄙人：谦称自己。鄙意：自己的意见。鄙见：自己的见解。

（4）含有"愚"字的谦词：用于称呼自己。

愚兄：与比自己年轻的人对话时的自称。愚见：自己的见解。

（5）含有"敝"字的谦词：用于称呼自己。

敝人：谦称自己。敝姓：谦称自己的姓。敝校：谦称自己的学校。

（6）含有"拙"字的谦词：用于称呼自己的。

拙笔：谦称自己的文字或书画作品。拙著、拙作：谦称自己的文章。拙见：谦称自己的见解。

（7）含有"小"字的谦词：对尊贵的或比自己地位高的人

称自己。

小人：地位低的人自称。小店：谦称自己的商店。

（8）含有"敢"字的谦词：表示冒昧地向别人发问或发出请求。

敢问：用于向对方询问问题。敢请：用于请求对方做某事。敢烦：用于麻烦对方做某事。

（9）含有"见"字的谦词：客套话。

见谅：表示请人谅解。见教：指教（说话者），如"有何见教"。

## 二、坐立行走方面的文明修养

俗话说："坐有坐相，站有站相。"每一个人在坐立行走时的举止、动作、表情，均与其教养、风度有关。在社交场合中，优雅的仪态可以透露出一个人良好的礼仪修养。

1. 坐姿要优雅

坐姿是一种身体语言，正确的坐姿可以给人以端庄、稳重的印象，使人产生信任感。

就座时，应该坐满椅子的2/3，上身正直而稍向前倾，头平正、两手交叠放在自己的双腿上。体态要稳重，不向两边摆动身体，不抖动双腿，不跷二郎腿。

2. 站姿要得体

站立时要保持双肩水平，挺直脖颈，下颌微微向后收，双眼平视前方；双臂自然下垂，男生可将双手自然垂于两侧，女生的双手可以交叠放在腹前；男生双腿可并拢或分开站立，女生可双腿并立站立，或双脚略呈一前一后的姿态站立；应避免腹部突出的后仰姿势和无精打采的驼背姿势。

3. 行走要稳重

走路时要把头抬起来，目光平视前方，不左顾右盼，双臂自然下垂、摆动。脚步要轻且富有弹性和节奏感，步幅与腿的长度相适宜，跨步要均匀。

下雨时或下雨后，步幅要比平时小一些，落脚要比平时轻一些，以免溅起泥巴而弄脏鞋和裤子。

4. 下蹲防走光

对于穿裙子的女生来说，做下蹲动作时最重要的是防止底裤走光，所以要用自己的侧面对着人多的一面（正对容易走光，背对不礼貌），双腿膝盖并拢，一只手从后面按压裙摆，轻轻蹲下，上身保持挺直，捡起东西后迅速站起。

## 三、公共场所的文明修养

对于公共场所的文明修养礼仪总的原则是：遵守秩序、讲究卫生、尊老爱幼、穿着得体。

1. 要遵守秩序

在公共场所要避免大声喧哗打闹、呼朋引伴，严禁对他人恶语相向、对他人有意回避的问题刨根问底，不随便打断别人讲

话；参加活动时，要自觉排队，不扰乱秩序；严格遵守"禁止拍照"等要求；不破坏公共物品。

**2. 要讲究卫生**

不要随地吐痰、乱丢果皮纸屑或其他垃圾；注意个人卫生，不要在公共场所做出擤鼻涕、抠鼻孔、挖耳垢、剔牙齿、剪指甲等不卫生的动作；患有可通过接触传播或口鼻传播类传染病的人应避免到公共场所参加集体活动。

**3. 要尊老爱幼**

要注意尊老爱幼，在自己力所能及的范围内对有需要的老人、幼儿提供帮助。

**4. 要穿着得体**

要穿着干净的衣服、鞋袜，不在公共场所穿拖鞋、睡衣、奇装异服。

## 四、做客与待客时的文明修养

**1. 做客时的文明修养**

（1）不做不速之客。去别人家做客之前要和主人约好时间，避免以不速之客的身份突然造访而使主人措手不及，并且要按照约定的时间准时到达。如果临时有事无法去做客，也需要在第一时间通知对方，说明原因并表达歉意。

（2）敲门也有学问。如果主人的家里有门铃，只需按动一下，等待主人响应即可，不要疯狂按动门铃；如果没有门铃，则要力度适中地敲门三下——保证主人在室内可以听到，等待主人来开门即可，如果主人长时间没有开门，可以再次敲门或通过电话与主人取得联系。

（3）称呼与自我介绍。要事先向孩子说清楚主人家中的成员，并引导孩子正确掌握对他们的称呼，必要时，还应该让孩子准备自我介绍。

（4）送上合适的礼物。礼多人不怪。在去做客时，切忌空手登门，要根据自己家庭的经济情况和拜访对象的年龄、身份、喜好等因素准备合适的礼物，这既能表达自己的一番心意，也可以表达对主人的尊敬。递送物品时应双手将物品拿在胸前递出，不能将物品的尖端指向对方，不能一只手拿着物品，更不能直接将物品丢向对方。

（5）避免"自来熟"。进入别人家里后，要避免"自来熟"，不在别人家里快速跑闹，不随便翻动别人家里的东西，不随便吃别人家里的食物，更不能强硬地占有别人家里的物品；在别人家里吃饭前，要主动帮助主人做一些力所能及的事情，如摆放碗筷等；吃饭时要对主人准备的食物做出积极的评价。

（6）真诚地表达谢意。做客结束后，临走前应该对主人的热情款待表达感谢，并邀请主人在方便时来自己家做客。

2. 待客时的文明修养

（1）准备招待环境。在客人到来之前，应充分打扫屋子，使家里呈现出整洁卫生的效果。这不仅是良好家庭环境的展示，更是对客人的尊敬。

（2）准备招待物品。准备好适合客人的拖鞋，准备适量的水果、饮品等，如果客人中包括小朋友，还应该准备糕点等零食和适合小朋友的玩具。如果需要在家里用餐，则需要提前准备好食材。

（3）合理安排座次。如果客人是长者、上级或平辈，应请其坐上座，主人坐在一旁陪同；如果客人是晚辈或下属，则请其随便坐。

（4）热情招待客人。如果客人带了礼物，应用双手接住，五指并拢，两臂适当内合，自然将手伸出；单手递或接物品都是缺乏素养的表现。

与客人谈话时，要有眼神的交流或用声音回应对方的谈话，避免心神不宁、坐立不安或打断对方。

做饭时应考虑客人的口味，尊重其饮食禁忌。

（5）欢迎客人再来。客人要走时，要婉言相留，待客人起身后，主人再起身相送，家人也应微笑起立，亲切告别。送客时应送到大门口或街巷口，切忌跨在门槛上向客人告别或客人前脚一走就"啪"地关门。

## 五、就餐时的文明修养

民以食为天。就餐除了能够满足人的基本生活需求，也是中国人沟通感情、交流信息的重要机会，每逢新年、婚庆、传统节日时，中国人喜欢一家老少欢聚一堂。因为聚餐的次数多，所以，家

长应该教育孩子在餐桌上要有礼貌，让孩子注意以下细节：

1. 安全卫生方面

（1）吃饭之前应该先洗手，洗手之后，要帮助摆放碗筷。

（2）不要把筷子、勺子、叉子等餐具含在嘴里。

2. 习惯礼仪方面

（1）不要抢座位，要等长辈、客人坐好之后，小朋友们才可以入座；要等长辈动筷之后，晚辈才可以动筷。

（2）不要用筷子指点他人；不要用筷子敲击盘子、碗等任何物品；吃饭时要一只手扶碗，一只手拿筷子。

（3）夹菜时，不要用筷子在食物里翻来翻去，要夹盘子里正对着自己的菜。

（4）别人正在夹菜时，不要转桌。

（5）慢慢地咀嚼食物，不要狼吞虎咽，避免发出吧嗒嘴的声音，喝汤时不能发出声音。

（6）如果中途需要离开餐桌，必须和桌上的其他人打招呼，说："我吃好了，你们慢慢吃。"

（7）吃完饭以后，应该把筷子整齐地放在自己碗的正中央，而不是把筷子随意放在桌面上。

（8）在饭店进餐时应尊重服务员的劳动，对服务员应谦和有礼，催菜时不可敲击桌碗或喊叫。对于服务员工作上的失误，要善意提出，不可冷言冷语，揶揄讽刺。

3. 餐桌上的讲究

（1）忌"筷子插饭中"。在吃饭的时候，不能把筷子竖着

插入米饭中间。

（2）忌击盏敲盅。击盏敲盅是指用筷子敲打自己的餐具，这是乞丐行乞时的动作。

（3）茶七、饭八、酒满杯。"茶七"，是指倒茶时倒七分满，不能倒全满，因为茶需趁热喝，若太满，易烫到客人的手。茶倒得太满或者倒茶时茶水溢出杯外叫"茶满欺人"。"饭八"，是指给人添饭要添八成满。饭少了，会体现主人的小气；饭太满了，易使客人吃起来不雅观。"酒满杯"是指给客人倒酒要倒满杯，这叫"酒满敬人"。

修养是一个人的素质表现。在道德品质越来越被重视的当今社会，有修养的孩子一定会有更光明的未来。

# 第三节　懂感恩的孩子有收获

感恩是社会上每个人应该具有的基本道德，是做人的起码修养，也是人之常情。我国的感恩教育源远流长，有着非常悠久的历史，自古以来就流传着"滴水之恩当涌泉相报""谁言寸草心，报得三春晖""吃水不忘挖井人，前人栽树后人乘凉"等说法，学会感恩、知恩图报是中华民族的优良传统，值得我们传承并发扬光大。

父母的养育之恩，老师的教育之恩，社会的关爱之恩，军队的保卫之恩，祖国的呵护之恩……这些恩情值得我们每一个人报答。一个人只有学会感恩，才能学会尊重他人，才能以平等的眼光看待每一个生命，才能尊重并热爱未来自己所从事的职业，也才能尊重自己。

然而，在宠爱教育这一教育思想的影响下，很多家庭在教育孩子的过程中往往过度关注孩子的体验，家中四五个大人围着孩子转，孩子要什么，他们就给什么，真是"含在嘴里怕化了，捧在手里怕碎了"。久而久之，孩子成了家里的"小公主""小皇帝"，在家里呼风唤雨、唯我独尊，心中只有自己，没有别人。也有一部分家庭深受"学而优则仕"思想的影响，一味追求孩子的优异成绩，家长专职陪读，全面照顾孩子的饮食起居、学习娱乐，使孩子成为"两耳不闻窗外事，一心只读圣贤书"的学习工具。这样的孩子既感受不到家长的辛勤付出，也不理解家长的良苦用心。究其原因，这两种家庭都忽略了对孩子进行感恩教育。

感恩教育是道德品质教育的重要组成部分，对孩子进行感恩教育有利于孩子形成健全的人格，有利于孩子实现自我价值，有利于促进家庭氛围的和谐，有利于发扬中华民族的优良传统。家长要帮助孩子从心理上、思想上学会感恩，同时注意在生活中为孩子做出感恩他人的示范。

## 一、用耳朵听：家长可以用历史故事引导孩子学会感恩

与萧何、张良并称为"汉初三杰"的韩信少年时父母双亡，家中贫寒。他虽然很用功地读书，很拼命地练习武艺，却仍然无以为生。迫不得已，韩信只好到别人家"吃白食"（因为贫穷，付不起饭钱，想尽办法让别人免费提供餐食），因此，他常遭别人冷眼。韩信是个有志气、有尊严的人，他想凭借自己的真本事吃饭，就来到淮水边钓鱼，用鱼换饭吃，却也经常饥一顿饱一顿。

韩信在淮水边上遇到一位老妇人。虽然这位老妇人并不富裕，但她见韩信可怜，就把自己的饭菜分给他吃，天天如此，从未间断。韩信深受感动，将这份恩情铭记在心里。

后来，熟谙兵法的韩信久经沙场，取得了赫赫战

第二章 家庭中的道德品质教育

功，被封为淮阴侯，但他始终没有忘记老妇人当年的一饭之恩，派人四处寻找老妇人，最后送上千金表达自己的谢意。

历史上有许许多多这种以感恩、报恩为主题的故事，如子路负米、居里夫人尊敬老师、刘恒侍母、黄香温席等。家长可以从中选择杰出人物的故事讲给孩子听，因为杰出人物往往更具有代表性，家长在向孩子讲述这些人物的故事的同时，也是在向孩子传递历史知识，为孩子树立学习的榜样。在讲解故事的基础上，家长应引导孩子进行深度思考：主人公为什么感恩？他是怎样报恩的？如果自己是故事的主人公，会采取怎样的做法？

## 二、用眼睛看：家长应该教孩子在看世界的过程中学会感恩

社会是好的课堂，在与孩子一起接触社会的过程中，我们会观察到形形色色的人、千奇百怪的事，这些人和事往往能给我们带来启发。

朋友带8岁的孩子去看望因年迈卧病在床的三姨时，孩子想起曾看见过三姨姥走路跛脚的异样，悄悄地问："妈妈，三姨姥是因为不好好走路生病了吗？"

"三姨姥的那条腿有残疾……"朋友把三姨腿部

受伤的经过讲给孩子听，接着说，"三姨姥虽然腿有残疾，但是她通过自己的辛勤劳动养大了6个孩子，是很辛苦、很伟大的。你再看看三姨姥的手，上面好几个关节都因为过度劳累而变形了。"

孩子拉了拉三姨姥的手，见朋友说的是真的。朋友趁热打铁说："世界上每个妈妈都愿意为了自己的孩子的成长付出劳动，只要孩子能够健康成长，再苦再累都值得。"

"那××的妈妈是这样吗？"孩子问。"是啊，你发现了吗？你们每次在一起玩儿的时候，他妈妈都背着好大一个书包，那里面是××妈妈给他带的水、食物和衣服。那个包很重。"

"那你呢？"孩子接着问。"我也一样啊，我每天送你上学、接你放学、送你去兴趣班、带你出去玩儿、给你买玩具、带你吃好吃的……这些事情虽然让人很累，需要花很多钱，但是我愿意做，因为我爱你呀！我的妈妈——你的姥姥也是这样对我的。全天下妈妈对孩子的爱都是一样的。"

"妈妈，我也爱你！"孩子很满足地说。

朋友告诉孩子："其实每个人都被很多人同时爱着。在我小时候，你三姨姥就很爱我，经常给我做好吃的，给我买衣服，资助我上学。她是我需要感恩的人。感恩就是记住别人对你的好，在你有能力的时候回报

他。比如对你好的小姨、二叔、老师，都是值得你感恩的人。"

我们中国人在表达感情方面往往是很含蓄的，一般不会明显地表达出自己对别人的爱和感恩，但我们不能因此让孩子对我们的爱视而不见，不能让孩子把我们的付出当成理所当然。在这个生活细节中，朋友让孩子知道了什么是感恩、为什么要感恩、哪些人需要感恩。这虽然是一个小场景，但足以对孩子起到启发作用。

亲人固然是值得我们感恩的，那些在各自的工作岗位上默默坚守和付出的劳动者同样值得我们感恩。如果没有人民军队的守护，敌人的炮弹可能已经将我们的家园毁于一旦；如果没有交通警察的指挥，我们的交通可能已经乱作一团；如果没有人民教师在三尺讲台上认真授课，我们不能学到丰富的科学文化知识；如果没有环卫工人起早贪黑的劳作，我们不能安心地居住在这美丽整洁的家园……感恩的内涵是丰富的，需要我们感恩的人和事不胜枚举，所以，当看到有青少年照顾年迈的长者、有孩子把美食分享给家长、有乘客为老人和孩子让出座位、有人在炎热的夏天为门卫师傅送上一瓶矿泉水时，我们都要不失时机地对孩子进行启发性的感恩教育。

## 三、向家长学：家长通过榜样的力量让孩子学会感恩

很多家长喜欢给孩子举办生日派对。为了办好派对，家长通常需要提前几天做好充足的准备——布置房间、购买礼物、准备美食，在孩子生日这天邀请孩子的朋友们来家里为孩子庆祝生日，忙得不亦乐乎。家长这样做的目的是让孩子开心，但淘淘家里的生日不是这样过的。

淘淘家的规矩是：孩子的生日给妈妈过。因为孩子的生日也是妈妈的"受难日"，是妈妈怀胎十月，冒着生命危险把孩子带到这个世界上的妈妈是最值得感恩的人。同理，爸爸的生日给奶奶过，妈妈的生日给姥姥过。

这种感恩不仅体现在生日这一天，而且延续到日常生活中的各个细节：淘淘的爸爸妈妈会一起动手，帮助淘淘的姥姥和奶奶洗菜、做饭、打扫卫生；家里买了新鲜的水果和好吃的食物，淘淘的爸爸妈妈会给两家的老人各送一份；每逢节假日或工作不忙时，淘淘的爸爸妈妈还会带着两家的老人出去散步、逛街、检查身体……在这样的氛围中，淘淘自然能够更多地理解感恩的含义，并且学会用实际行动表达自己的感恩之情。

## 四、积极总结：家长要引导孩子从"收获"中学会感恩

　　一次，美国前总统罗斯福家中失窃，小偷偷走许多贵重的东西。一位朋友闻讯后，连忙写信安慰罗斯福，劝他放宽心，保重身体，不必过度在意。罗斯福给朋友写了一封回信：

　　亲爱的朋友：

　　　感谢你来信安慰我，我现在十分平安。

　　　我现在最想表达的是我的感激之情，因为：第一，盗贼偷走的是我的东西，而没有伤害我的生命；第二，盗贼只偷走了我的一部分东西，而不是全部；第三，也是最值得庆幸的是，做贼的人是他，而不是我。

　　　　　　　　　　　　　　　　　　　罗斯福

　　　　　　　　　　　　　　××××年××月××月

　　对于大多数人来说，失窃绝对是一件不幸的事，而罗斯福却巧妙总结，找出了这件事值得感恩的三条理由，怎能不让人佩服？

　　可见，感恩也可以是一种积极的生活态度。正如有些人所说，要感激那些伤害你的人，因为他磨炼了你的意志；感激那些欺骗你的人，因为他丰富了你的经验；感激那些轻视你的人，因为他唤醒了你的自尊……我们要怀着一颗感恩的心，感谢命运，

感激一切使你成熟的人，感恩周围的一切。

人越长大，越会发现生活中要面对的问题太多太多，这些问题很有可能是我们的孩子长大后同样需要面对的。有些事情我们无法逃避，必须面对，而以积极的心态去面对、总结生活中的得与失，这不仅是在表达我们对生活的感恩之情，也是我们不再为难自己，对过往感到释怀、与生活握手言和的表现。这是使人生变得幸福和快乐的源泉。

感恩是一种品德，更是一种能力，相信会感恩的孩子会在人生中收获更多的美好。

# 第三章
# 家庭中的行为习惯教育

有人说：播种一种行为，收获一种习惯；播种一种习惯，收获一种性格；播种一种性格，收获一种命运。

习惯是人们在生活中长时间逐渐养成的、一时不容易改变的行为倾向，它往往来自看似平常的小事，却蕴含足以改变人的命运的巨大能量。

良好的行为习惯是人一生的根基和资本。叶圣陶曾说："凡是好的态度和好的方法，都要使它成习惯。只有熟练得成了习惯，好的态度才能随时随地表现，好的方法才能随时随地应用，好像出于本能，一辈子受用不尽。"

家长在教育孩子的过程中，不仅要注重孩子智力的发展和分数的提高，而且要注意引导孩子养成管理时间的习惯和良好的学习习惯，这会使孩子受益终身。

# 第一节　引导孩子养成管理时间的习惯

时间是世界上一切成就的土壤。时间给空想者痛苦，给创造者幸福。

对于医生来说，时间就是生命；对于农民来说，时间就是收获；对于商人来说，时间就是金钱；对于学生来说，时间就是知识、分数、未来。时间对于每个人都具有重要的意义，我们应科学合理地管理时间。

在城市的一角，一位白发苍苍、衣衫褴褛的乞丐蜷缩在墙边，等待着生命的终点。他不断地为自己没有珍惜时间而感到后悔，他希望自己的生命能够重来一次，那样他一定会珍惜时间，度过美好而有意义的一生。

时间老人听到了他的忏悔，决定帮助他实现这个愿望。

时间老人走到乞丐身边，问："你确定如果再给你一次生命，你会好好利用时间吗？"

乞丐发出微弱的声音，说："是的，我十分确定，我不会浪费一分钟的时间。"

　　时间老人挥动手中的魔法棒，时空果然逆转，乞丐变成了一个小学生，回到了自己的母校。他触摸着身上的校服、校徽、胸前的红领巾，连忙奔进教室。

　　听课、做作业、认真预习和复习……小学、初中，他真的遵守自己的承诺，没浪费一分钟的时间，勤奋学习。

　　转眼间，乞丐考入了当地的一所著名高中，网吧深深地吸引了他。乞丐回想起自己曾经的悲惨遭遇，试图抵抗网络的吸引，可是以他的薄弱意志，又怎能抵挡得住？

　　几十年后，时间老人再次遇见乞丐，他像上次一样蜷缩在墙角里，等待着死神的到来。乞丐连忙上前乞求时间老人再给他一次重来的机会。时间老人摇摇头，说："对于不懂得把握时间的人，我就算给他一百次重来的机会，他也无法获得精彩的人生！"

　　时间对于每个人都是公平的，有些人把时间用来享乐，有些人把时间用来提升自我，有些人把时间用来抱怨，有些人把时间用来赚钱……想在有限的时间里获得更精彩的人生，最好的办法是控制好自己的欲望，管理好自己的时间，使自己的时间体现出更大的价值。

## 一、时间管理及常用的时间管理方法

时间管理指通过事先规划和运用一定的技巧、方法与工具，实现对时间的灵活有效运用，从而实现个人或组织的既定目标。

时间管理是否高效，往往与个人的学习和生活习惯的好坏密切相关。善于管理时间的学生，学习效率更高，目标性更强，他们能够拥有大量的闲暇时间去丰富阅历和视野，这有利于他们全面成长或发展特长；不善于管理时间的学生，学习效率低下，他们将事情安排得颠三倒四、杂乱无章。下面是几种常用的时间管理方法：

1. 列清单法

清单也叫明细单，列清单法是指把我们需要做或者想要做的事情一一写出来，再从中选择主要的事情来做的一种方法。在使用列清单法时，人们可以通过清单明确哪些事情是必须做的，对于这样的事情就要投入大量的精力，有重点地去做；对于那些次要的或者没有必要做的事情，可以选择缓做或者不做。人们常说"家有三件事，先从紧处来"，说的就是要把紧急事情放在首位处理。"牵牛要牵鼻子"，只有把重点问题解决了，做的事情才有意义，这样不仅可以有效地减轻压力，还能达到事半功倍的效果。列清单法是最基础的时间管理方法，清单中的内容可以是文字，也可以是具有象征意义的图画，适合多个年龄段的人使用。

很多人在使用列清单法管理时间的初级阶段往往不能持之以恒，或者列了清单却不能按照清单中的计划实施。含有每日计划的笔记本可以拿来记录日常事务，使用这种笔记本，可以促进大家养成每日使用清单的好习惯。

2. 四象限法

四象限法是把要做的事情按照重要和紧急两个不同维度，划分为重要又紧急、重要但不紧急、紧急但不重要和不紧急也不重要四个程度，并以此为实施依据和顺序的一种方法。

第一象限：重要又紧急。重要又紧急是四象限法中的第一象限，划分到这个象限中的事情是重要而且紧急、不能回避或拖延的，例如完成每日作业、补习自己薄弱学科的功课、为第二天的阶段测验做准备或各种即将开展的选拔性考试等。第一象限中的事情需要我们在第一时间优先处理。

第二象限：重要但不紧急。第二象限与第一象限同属于重要这一维度，这一象限中的事情虽然重要，但不如第一象限中的事情紧迫，如在开学初准备应对期末考试、在初一时准备迎接中考等，我们可以在处理完第一象限中的事情后来处理这些事。

第三象限：紧急但不重要。第三象限中的事情是紧急但不重要的，比如同学发现笔没墨了向你借一支笔、正在写作业时同学发来语音要和你谈娱乐新闻等，这个象限中的事情往往因为具有紧迫性，给人们造成非做不可的错觉，使人们浪费了大量的时间和精力。在遇到这类事情时，我们一定要提醒自己：这样的事情可以不做，不要在这种事情上浪费时间。

第四象限：不紧急也不重要。第四象限中的事情是既不紧急也不重要的烦琐杂事，如逛街、看电视、旅游等。这些事情消耗的时间虽然是碎片化的，但因为人们常常沉溺于这些事情而无法

自拔，这会导致消耗的时间总和很长。我们在对时间进行管理的时候，一定要高度警惕这个象限内的事情，避免因为这些事情浪费时间。

相比列清单法，四象限法将事情归类划分得更加明确和具体，不过对使用者的能力提出了更高的要求。

## 二、怎样让孩子学会管理时间

时间的重要性不言而喻，但让孩子学会管理时间并不容易。首先，孩子对时间的感知能力有限，他们无法感觉到时间是过去了5分钟还是10分钟；其次，孩子对自己进行约束的能力有限，他们更倾向于做自己感兴趣的而不是重要的事。要让孩子学会管理时间，家长应尽早着手，持之以恒，逐渐放手。

1. 通过计划清单，明确需要完成的任务

在孩子还未养成自我管理时间的习惯时，家长可以通过示范，让孩子看到"应该怎么做"。例如，家长可以通过列计划清单的方式，让孩子看到一家人每天的行动计划、自己每天的学习任务，并且按照清单中的事项逐一完成。对于要求孩子完成的事情，家长可以使用打卡记录的方式督促孩子完成，用习惯养成的方式增强孩子的成就感，提高孩子的自我约束能力。

2. 通过记录事情，了解时间被用在了哪里

如果孩子有浪费时间的行为，家长首先要做的不是责骂孩子，也不是直接指导孩子应该怎样做，而是让孩子使用清单的方

式记录下自己在一定的时间内都做了哪些事情，再对这些事情进行分类，引导孩子自己思考哪些事情是不该做的、浪费了多少时间，这样可以帮助孩子避免再次在同样的事情上浪费时间。

3．通过适当"留白"，体验自主管理的快乐

很多家长喜欢把孩子的日程安排得满满的，以为让孩子把所有的时间都用到做重要的、关乎学习的事情上就是充分利用了时间，其实，这种时间管理方法会使孩子在生理和心理上产生双重疲惫，家长应该为孩子适当"留白"，循序渐进地给孩子一些决定做自己想做的事情的权利，如参加户外运动、适度观看电视节目等，这种体验有助于孩子变被动管理为主动管理。

4．通过父母示范，让孩子看见学习的榜样

能有效管理时间的家长，往往能给孩子做出良好的示范，成为孩子学习的榜样。现在很多家长沉迷于手机，回到家里以后时时处处离不开手机，这难免让孩子觉得手机是有趣的，看手机是重要的事情。孩子自然会像大人一样，把时间用在看手机上。所以，想让孩子知道哪些事情是重要的，家长就应该给孩子做出积极的示范。

# 第二节 孩子应养成善于学习的习惯

学习是讲究方法的，掌握了好的方法，会使学习事半功倍。

课前预习可以帮助孩子从总体上把握新课的重点、难点、疑点，有利于在课堂上有针对性地听讲，降低学习新课的难度。

认真听讲可以帮助孩子抓住老师传授的知识点，更好地理解课程的重点、难点、疑点，掌握解题思路和做题技巧，理解文章的内容和体会作者的思想感情。

大胆发言可以帮助孩子更好地理解所学的知识，形成自己的观点。

敢于质疑是孩子将知识进行验证和重组的过程，可以使孩子在思辨中更快地成长。

总结是梳理知识的过程。在总结的过程中，孩子能够及时回顾所学知识，查缺补漏，学习和借鉴他人的好方法、好思路，实现举一反三。

除了掌握听、说、读、写等最基本的学习方法，下面几种简单又实用的学习方法，也能帮助孩子取得更好的学习效果。

## 一、费曼学习法

费曼学习法是1965年诺贝尔物理学奖获得者、美籍犹太人理查德·费曼开创的一种"以教促学"的学习技巧。使用费曼学习法，可以将复杂的知识分而化之，拆解成多个小知识点，逐个突破，再整合成完整的知识链条。它能够帮助人们更精准地把握概念的核心意义。

费曼学习法可以概括为学习知识、教授知识、查缺补漏、简化提炼等四个步骤。

1. 学习知识

将需要学习的知识（概念）写在纸上，并结合查找材料、知识迁移等方法理解要学的知识，将自己的理解形成文字记录下来，如果发现了自己没有理解透彻的知识，就需要进一步学习。

2. 教授知识

尽量使用最简洁的语言（向身边人）讲述自己对知识的理解，讲解得不顺畅的地方往往就是掌握得比较薄弱的知识。

3. 查缺补漏

重新对掌握得比较薄弱的知识进行学习、讲解，直到能够流畅地阐述所学的知识点。

4. 简化提炼

将已经掌握得非常牢固的知识点进行进一步简化，用更简洁的语言表达出来，重新讲解。如果在讲解中再次遇到薄弱点，则继续进行查缺补漏、简化提炼，直至可以流畅、清晰、准确地完成讲解。

费曼学习法适合用于学习理论性、概念性较强的知识，它之所以能提高学习效率，是因为它能够在学习者查缺补漏的过程中

通过调动人记忆中的知识，促进学习者对新增知识点的理解，使新、旧知识形成新的知识体系。

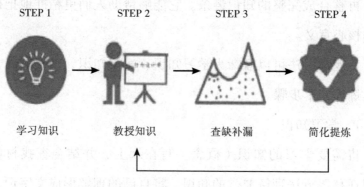

STEP 1　　　　STEP 2　　　　STEP 3　　　　STEP 4

学习知识　　　教授知识　　　查缺补漏　　　简化提炼

**费曼学习法学习流程示意图**

## 二、思维导图记忆法

思维导图又叫心智图，以能够简单、直观、有效地表达发射性思维而闻名。思维导图能够清晰地呈现各知识点的层级和隶属关系，思维导图中的关键性词语、鲜艳的颜色、生动的图像能够促进记忆。在绘制思维导图的过程中，需要绘制者动脑思考逻辑结构、动手画图，调动了人体的多种感觉器官，能进一步加强记忆效果。使用思维导图进行记忆时，需要注意以下几个方面：

1．思维导图的主题分支数量不宜过多，一般以不超过5个为宜，每个主题分支下可以继续建立主次层级。

2．思维导图重在用关系、图形、颜色构成联想记忆，图中的文字宜少不宜多，应重点以图形来呈现各层级关系。

3．思维导图的色彩不宜太杂乱，一般以不超过5种为宜，否则会导致视觉混乱。

4．思维导图绘制完成后应反复修改，以使思路更清晰，联想记忆效果最佳。

## 三、康奈尔笔记法

记笔记是一种良好的学习习惯。人们常说："好记性不如烂笔头。"学生在课堂上记住的一些知识，往往只是进入了大脑的瞬时记忆系统，很快就会被遗忘，但如果我们把这些知识记录在笔记上，多次翻看笔记后，这些知识就会进入大脑的短时记忆系统、长时记忆系统，真正被保留下来，实现温故而知新。

康奈尔笔记法又被称为5R笔记法，是美国康奈尔大学沃尔特·鲍克博士于1974年提出的一种学习方法，康奈尔笔记法是记与学、思考与运用相结合的有效方法。

康奈尔笔记法与普通的记笔记方法的主要区别在于，它是"分区"的。从版面布局上看，人们在使用康奈尔笔记法时将纸分为三个区域，这三个区域分别是：主记录区、侧栏、总结区。

主记录区主要记录课堂上老师讲授的知识，在记录这部分知识的时候尽量采用代号、缩写的方法，使记录的内容看起来清晰、简洁。

侧栏中记录的内容是对课堂上所学内容的提炼和归纳，要比主记录区中的内容更精练，例如教学目标、知识纲要等。

总结区主要用来记录自己随时随地对课堂内容的见解或者自

己的经验、体会等。

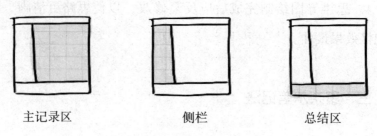

　　　　主记录区　　　　　　　　侧栏　　　　　　　总结区

**康奈尔笔记法版面布局示意图**

　　康奈尔笔记法之所以被称作5R笔记法，与它的使用流程是分不开的。

　　第1步，Record（记录）：上课时，在主记录区快速、简约地记录重点知识、例题等，也就是参照老师的板书和自己遇到的学习难点、重点来记课堂笔记。

　　第2步，Reduce（简化）：课堂时间充足时或在下课后，尽快抽出时间，复习上课时在主记录区记录的笔记内容，提炼出最核心的知识点，以关键词、关键短语和短句的形式写入左边的侧栏。

　　第3步，Recite（记忆）：温习并记忆笔记本中的内容。在上课当天，只看侧栏中的关键词等提示点，复述出课堂中学习的重点内容，如不能准确复述，则应回看主记录区的知识，直至能够根据侧栏关键词等提示点复述出课堂中学习的重点内容。

　　第4步，Reflect（回顾）：完成第3步以后，在下方总结区写下自己的听课随感或在学习中遇到的困难等。

　　第5步，Review（复习）：这是复习的环节，即在听课后的几天里，根据自己的实际学习情况，进行多次复习，这也是对所学知识进行短时记忆、长时记忆的过程。复习时尽量先看侧栏里的关键知识点摘要，努力回忆相关内容，之后再回到主记录区，仔细回顾全部知识点和对应的细节。

经常翻看笔记、保持时时复习的好习惯，将极大地加深记忆，帮助人们更好地吸收所学知识。

未来的"文盲"不是不识字的人，而是没有学会怎样学习的人。希望我们的孩子都能成为爱学习、会学习、自主学习、终身学习的人。

## 第三节　引导孩子进行自主学习

你能想象出一位年富力强的爸爸会因为辅导孩子作业而被气得心脏病复发的场景吗？

自去年9月开学以来，45岁的刘先生每天下班后都会辅导孩子写作业。

这天晚上，刘先生照常辅导儿子写作业，结果一道题讲了无数遍，孩子还是一脸迷茫。

刘先生压抑不住心中的怒火，一边在内心抓狂，一边用"狮吼功"辅导孩子。突然，刘先生觉得胸口剧痛且喘不上气，于是叫来老婆接力，但结果依旧"鸡同鸭讲"。

看到孩子漫不经心的样子，坐在一旁休息的刘先生忍不住站起来，想再次加入"战场"，却感到胸口一阵绞痛，眼前一黑，晕了过去。

因为抢救及时，刘先生脱离了生命危险，但他从此过上了与心脏支架为伴的日子！

"不写作业母慈子孝，一写作业鸡飞狗跳。"这是很多家长在陪伴孩子写作业时的真实写照。

当孩子年龄尚小，没有自主学习的意识时，家长可以适当陪伴孩子写作业，并在陪伴的过程中逐渐引导孩子学会自主学习。这样，当孩子年级不断升高后，父母就可以慢慢退出孩子的学习，享受属于自己的时光了。

## 一、什么是自主学习

自主学习是以学生为学习的主体，学生自己做主，不受别人支配，不受外界干扰，通过阅读、听讲、研究、观察、实践等手段进行学习，获得发展的学习方式。

在自主学习的过程中，学生不仅要自己制订学习计划并严格按照计划开展学习活动，而且要确立明确的学习目标，并通过自我管理按照学习计划实现目标，最后自我检验学习成果，发现其中的问题并及时改正。

## 二、如何培养孩子的自主学习能力

经常听到家长抱怨孩子不爱上学，其实，这是人的本性。毕竟学习是一项消耗性活动，而人的天性是好逸恶劳。作为明智的家长，与其抱怨孩子，不如培养孩子自主学习的能力，在使孩子获得成长的同时，也能尽早解放自己。

培养孩子自主学习能力的途径有很多，陪伴孩子写作业的过程也是其中之一。那么，如何在陪伴孩子写作业的过程中培养孩子的自主学习能力呢？

第三章 家庭中的行为习惯教育

1. 事前准备充分，做好引领示范

很多孩子在写作业的过程中会出现故意拖延的现象，要么说口渴需要喝水，要么说肚子疼要去厕所，要么找不到本子，要么需要换一根铅笔……总之要把写作业的过程拖得很长，让家长十分头疼。

建议家长在陪伴孩子写作业之前，引导孩子做好以下方面的准备：

（1）生理准备。让孩子吃少量食物、喝点温水，并去厕所。

（2）知识准备。收拾好桌椅，使室内环境保持安静，避免随意走动，保证孩子在写作业的过程中不受打扰。

（3）内容准备。带领孩子回忆当天学习的内容，加深孩子对所学内容的印象。

（4）计划准备。家长通过查看作业内容，使孩子明确作业任务，并根据作业任务的多少及自己的实际情况预估所需时间。

（5）用品准备。在孩子写作业之前，家长让孩子准备好书、本、笔、钟表等。

（6）行动准备。明确在写作业的过程中不许做与写作业无关的事情，不许提问，书写要工整、端正。

2. 事中精心陪伴，避免手机干扰

在陪孩子写作业时，很多家长都会时不时拿出手机来看一看，要么看看微信推送，要么看看购物软件，要么看看朋友圈是不是又有了新动态……这种对手机"上瘾"的状态是对孩子最大的干扰，会在无形中给孩子做出错误的示范，使孩子产生怀疑：大人都在玩儿手机，为什么我要辛苦地学习呢？

家长可以把看手机换成看书、练字、写日记等，这样会让孩子感受到家长的陪伴：大人都在努力地学习，我不能被落在后面。

3．事后及时反馈，避免完美主义

孩子写完作业后，家长应及时帮忙检查，发现孩子掌握得薄弱的知识点，鼓励孩子有计划地练习。家长要善于发现孩子做得好的地方，比如字迹工整、正确率高、速度较快、表达流畅等，避免过多地否定孩子，打击孩子的学习积极性。

4．鼓励自主规划，注意难易适中

上面三个完成作业的环节，可以理解为一次自主学习的过程。家长在这个过程中起到了示范和指导的作用。家长通过多次、重复的指导，强化孩子对完成作业流程的记忆，为孩子自主规划、自主学习奠定基础。

在陪伴孩子一段时间后，家长可以鼓励孩子仿照正确的做法，自主规划并完成其中一科作业、多科作业、假期作业，但应注意避免选择写作、社会实践等难度较大的作业，难易适中的作业会使孩子在完成后更有成就感。

5．允许孩子犯错，切忌急功近利

即便孩子完成的效果不是十分理想，家长也应该遵循循序渐进的原则，在孩子完成对作业的总结后鼓励孩子，给出积极引导，增强孩子的自我认同感，树立孩子的自信心。自主规划的过程，能激发孩子的求知欲和学习欲，这远比学习有限的知识有意义得多。

6．给予有效支持，慎用物质奖励

很多家长喜欢用物质对孩子进行激励，以此表达对孩子学习

的支持，但爱德华·德西通过实验证明：外部奖励并不能激励人们对于工作的兴趣，反而会减弱人们的内部驱动力。

爱德华·德西把大学生分为A组和B组，两组成员每天参加一小时的实验，连续三天：

第一天，两组成员按照图片1拼图；

第二天，两组成员按照图片2拼图，A组成员完成后可以得到奖励，B组没有奖励；

第三天，两组成员按照图片3拼图，两组都没有奖励。

根据观察，结果是：

第一天，两组成员的表现没有差别；

第二天，获得奖励的A组成员表现得更加积极；

第三天，A组成员的拼图兴趣明显降低了。

当外部奖励无法持续增加、对行为主体没有吸引力时，行为主体对于做事本身的积极性便逐渐消失了。可见，外部奖励并不能激发人们做某件事的兴趣，反而会减弱人们的内部驱动力。比物质奖励更有效的是赞扬孩子的优良学习品质，当孩子坚信自己具有某种优良的学习品质时，他会更有勇气在遇到学习障碍的时候通过这种品质战胜困难。

自主学习是21世纪人类生存的基本能力，它的本质是自我管理能力，需要个体具有高度的自律性、足够的自我组织能力和缜密的计划性。自主学习能力的培养是一个循序渐进的过程，需要家长指导孩子从自主规划作业到自主规划预习，再到自主规划学科学习……这是一个漫长的过程，我们只有持之以恒，才能静待花开。

# 第四章
# 家庭中的文化素养教育

文化具有丰富的内涵，既包括物质文化（人类创造的物质文明，指一切可见可感的物质和精神的产品），也包括制度文化（人类的社会制度、宗教制度、生产制度、教育制度、分配制度、家庭制度、亲属关系、礼仪习俗、行为方式等社会公约以及与它们有关的各种理论），还包括心理文化（人类的思维方式、思维习惯、价值观念、审美情趣、信仰、心态）等。

文化深刻地影响着人们的实践活动、认识活动和思维方式。生长在不同文化环境中的人，会形成不同的文化素养，形成不同的人生观、世界观、价值观。

家长在追求孩子成绩优秀的同时，要注重对孩子进行文化素养教育，使孩子不仅能够养成多读书、多学习、经常思考的习惯，而且能博闻强识，将所学的知识灵活地应用于学习活动和日常生活。

## 第一节　判断孩子是否优秀不仅看分数的高低

身处子女教育第一线的父母一定对"鸡娃"一词不陌生，它被《咬文嚼字》编辑部选作"2021年十大流行语"之一，指的是父母给孩子"打鸡血"，为了孩子能读好书、考出好成绩，不断给孩子安排学习和活动，不停地让孩子去拼搏的行为。因为学习内容不同，被"鸡"①的孩子们被冠以不同的名称：学体育、艺术的孩子叫"素鸡"，学应试教育课程的孩子叫"荤鸡"，扛不住家长"打鸡血"的孩子叫"不耐鸡"……

面对网络上流传的各种令人眼花缭乱的"鸡娃体"词汇，很多人不禁发出这样的疑问：让孩子快乐地长大不好吗？为什么要

---

① 《咬文嚼字》提示，"鸡"字已从名词扩展出了动词的用法。

"鸡娃"呢？这是因为我们历来相信知识可以改变命运。

## 一、无处不在的"鸡娃"

一份调查数据显示，从1999年到2019年，清华大学培养出的企业家、亿万富翁数量最多，为191人；北京大学培养出的企业家、亿万富翁数量位居第二，为169人；排名第三的浙江大学，培养出的企业家、亿万富翁的数量是123人。家长们拼尽时间和金钱，的确有可能让孩子进入精英的圈子，取得更加辉煌的成就。但是，名校资源毕竟有限，有人做了"分子"，就一定要有人做"分母"。虽然"鸡娃"成功的案例不胜枚举，但最终结果与预期相差甚远的案例也并不少见。

在外人眼中，北京姑娘王一一（化名）是标准的"别人家的孩子"，她四岁开始学古筝，后来陆续学习古筝、奥数、芭蕾、跆拳道、素描、科学制作、英语等多门课程，可见父母对她的用心良苦。

在父母的安排下，王一一每天都要穿梭在各种辅导教育机构之间，除了主要科目外，她还要上奥数班、金牌班，全方位培优计划把她的生活安排得满满的。最终，她凭借小时候并没怎么花费功夫的"写作"考取了北京电影学院导演系，过上了中等水平的生活。这与父母对她的最初期待相差甚远吧？

　　陈女士是某985高校的硕士毕业生，目前就职于某省级事业单位，工作稳定，待遇优厚，时间自由。回顾自己努力学习，从边远乡村考入省会城市的大学的经历，陈女士坚定了"鸡娃"的决心，在对待孩子教育的问题上不遗余力，从不手软。虽然孩子才上小学二年级，但周一到周五，陈女士和几位家长一起请了英语、数学、语文老师给孩子做私教；周六和周日，陈女士送孩子学书法、乒乓球、美术和跆拳道。

　　陈女士的孩子每次看到同学在小区里玩儿，都会羡慕不已。当孩子提出要和同伴一起玩儿时，陈女士先是和风细雨地和孩子讲道理，告诉他学习才是最重要的，见没有效果，索性用严厉的态度批评孩子不懂事，不懂得珍惜父母付出的金钱。后来，见到小区里有孩子在玩儿，陈女士干脆带着孩子绕路躲开。连平日里和孩子一起玩儿的同伴们都能看出陈女士的孩子每天写在脸上的不快乐。

　　陈女士说，她也爱孩子，也知道孩子的童年最需要的是快乐，也担心孩子经受长期的压抑会产生心理问题，但每每想到孩子可能考不上高中、大学，她内心的焦虑就会提醒她要为了孩子将来考上名牌大学而舍弃眼前的快乐。

是啊，每一个孩子身上都寄托着一个家庭甚至是整个家族的期望。很多家长希望通过"鸡娃"的方式把孩子培养成顶尖人才，也有的家长希望通过"鸡娃"的方式让孩子过上理想的生活，还有的家长希望通过"鸡娃"的方式让孩子实现人生"逆袭"……这些美好的希望都直接指向"鸡娃"的家长们以自己的意愿为中心，强行为孩子规划学习和生活的路径，使孩子像实验室里的青苗一样，严格按照自己的规划和预期成长，确保孩子在每一次考试中都能够出类拔萃，最终成"龙"成"凤"。

从本质上来讲，我们不反对甚至提倡家长"鸡娃"，因为孩子毕竟年幼，他们对自己的未来一无所知或者知之甚少，家长们"鸡娃"是对孩子的未来负责任的行为，只是，我们更提倡在对孩子的合理期待下科学地"鸡娃"，以人为本地"鸡娃"。

## 二、如何合理地"鸡娃"

合理地"鸡娃"，就是对孩子的未来保持合理期待，在挖掘、发现孩子的潜力和兴趣爱好并尊重孩子意愿的基础上，科学地设置适合孩子的发展目标，并引导孩子为实现目标而努力，在孩子遇到困难的时候，能够在学习方法、学习资源等方面及时提供帮助。家长如何才能在对孩子的合理期待下科学地"鸡娃"，以人为本地"鸡娃"呢？

## 1. 要明确教育目标，不以分数论成败

在公务员爸爸和教师妈妈的"鸡娃"教育模式下，杜青云如父母所愿，考入了北京某重点大学。但杜青云并不喜欢自己目前的处境，他觉得目前所学的东西不是自己感兴趣的，他所学的专业对应的工作也不是他愿意从事的。虽然满足了父母的期待，但他觉得自己生活得很痛苦。

教育的目的是让孩子学会生存，学会学习，学会做事，学会与他人共处，成绩并不能作为衡量一个孩子是否优秀、人生是否圆满的唯一标准。家长不应该把教育孩子的目标锁定在孩子的考试分数上，更应该关注孩子是否掌握了学习的方法，是否形成了解决问题的思维，是否学会了与同伴合作，是否走上了成为理想中的自己的道路。

## 2. 要符合实际情况，不盲目与他人比较

自从谷爱凌在北京2022年冬奥会上斩获3枚滑雪项目的奖牌以后，家长们纷纷让孩子以谷爱凌为榜样，有的家长把自己的孩子领上了滑雪场，有的甚至给孩子报了滑雪辅导班，希望自己的孩子能成为像谷爱凌一样优秀的人。

这种见贤思齐的态度是值得肯定的，然而，尽管每个家长都有"望子成龙""望女成凤"的期待，但是每个家庭的环境不同，每个孩子的个性不同，社会对人才的需要也不同，家长应该结合自家的条件以及孩子的实际情况对他进行有针对性的培养，

而不是随波逐流且不切实际地希望将孩子培养为艺术家、科学家、影视明星，更不要倾尽家财给孩子报补习班、交择校费。在教育孩子这件事上孤注一掷，会影响正常的家庭生活。

3. 要与孩子达成共识，不以家长的意愿为目标

有些家长自己喜欢钢琴，就强迫孩子学琴；有的家长羡慕自己童年时的玩伴成为舞蹈家，就逼迫孩子学习舞蹈；有的孩子喜欢美术，家长却说学画画没用，非要孩子去学珠心算……

在期待孩子形成某一方面的特长时，家长应与孩子进行充分沟通，选择适合孩子且孩子感兴趣的项目，并与孩子制订长期执行计划，引导并陪伴孩子实现目标，避免半途而废。

4. 要尽量多做纵向比较，不以横向目标施压

很多家长期待自家孩子能比身边的其他孩子更优秀，常把自家的孩子与别人家的孩子做比较，这种比较不利于孩子形成对自己的正确认识，也不利于孩子与同伴建立友好的关系。家长应多引导孩子进行纵向比较，发现他的优点和进步，确定他的学习目标和学习计划。尤其当孩子在横向比较中处于不利地位时，家长千万不能将横向比较对象的优秀之处当成抹杀孩子纵向进步的"参照物"，给孩子造成不必要的心理压力。

5. 要有短期目标，也要有长期目标

很多家长对孩子的期待仅限于考上一所好高中、一所好大学，疏于对孩子毕业之后的生活进行规划，这就导致很多孩子缺少人生目标。他们在工作中表现出消极、被动的状态，甚至觉得人生没有意义，迷失了人生的方向，这都是因为家长专注于为孩子设置短期

目标，而忽略了对长期的人生目标的规划。有效的长期人生目标应该包括工作、生活、娱乐、兴趣爱好等各个方面。

6. 要关心学习成绩，也要关注综合素养

我们判断一个人是否成才，除需要考量其储备的学识，还要关注其道德品质、身心健康等方面的综合素养。只有全面发展的人，才是符合社会发展需要的人。

7. 要关注孩子的情绪，不要忽略有效的亲子沟通

家长应多注意与孩子进行有效的亲子沟通，及时发现孩子遇到的困难并给予帮助；给予孩子足够的关怀和支持，以增加其进步的自信和动力；多在孩子制订成长计划、寻找获得成功的方法等方面做参谋，使孩子成为具有独立、自主意识和较强能力的人。

"鸡血"是要"打"的，"打鸡血"是为了引导孩子发现自己的内心，明白自己想成为什么样的人；是为了激励孩子去做一些有意义的事情；是为了让孩子明白，人生有无数种可能，无数种他想要的未来，也有无数的未知世界等着他去探索；是为了让孩子明白，如果不为自己的"诗与远方"拼搏一把是何等的遗憾。同时，希望每一个家长都能认识到，判断一个孩子是否优秀的标准是多样的，不应该仅看孩子分数的高低。我们与其紧盯着孩子卷面上的分数不放，不如多带孩子看看通往未来的路有哪些，让孩子知道自己未来可能过着怎样的生活；不如学会尊重孩子、适当放手，多听听孩子的心声，找到家长和孩子共同的梦想，再通过帮助孩子合理规划与奔赴梦想，为孩子未来的幸福生活提供最好的参谋！

# 第二节　如何对待孩子的厌学行为

　　小浩从小就是大家眼里"别人家的孩子"，他学习成绩好，见到熟人能够主动打招呼，放学后能够自觉完成作业，而且总能第一时间响应爸爸的要求，从来不顶撞家长。

　　小浩的爸爸一直对自己严格管教孩子的"成果"十分满意，谁知，小浩升入初中后突然对学习失去了兴趣，成绩下滑得很严重，多门功课不及格。有一次，小浩和爸爸说自己要去当滑雪运动员，不想上学了。爸爸听了十分气愤，想动手"教训"小浩，竟被小浩一把推开，摔倒在地上。现在的小浩长得又高又壮，不再是小学时那个弱不禁风的小男孩，爸爸已经打不动他了。爸爸十分懊恼，始终想不明白，自己原本乖巧的儿子，为什么会突然厌学呢？

## 一、什么是厌学

　　厌学是学生对学习的负面情绪的表现。从心理学角度讲，厌学是指学生消极对待学习活动的行为反应模式。调查发现，我国有很大一部分学生对学习缺乏兴趣，有的学生对学习表现出明显的厌恶，真正对学习持积极态度的学生不太多。

## 二、为什么孩子会厌学

学习是青少年积累文化知识、参与社会竞争、追求自我成长的最佳途径，也是未来社会对人才的基本要求。孩子在本该接受教育的阶段厌恶甚至放弃学习，过早地步入社会，会对他的未来发展造成不可估量的损失。

青少年厌学情绪的产生，是多种因素共同作用的结果，既包括来自家庭的因素，也包括来自学校的因素，还包括来自同伴及社会的因素。结合诸多因素的影响及学生的个人情况，可以将厌学分为以下几种情形：

1. 因为学习动机引发的厌学

婷婷最近很厌恶学习。有一次，妈妈监督婷婷做作业，婷婷竟然发起脾气："为什么一定要逼我给你们学习呢？我不想学习了！"

妈妈听了感到非常吃惊："你是为自己学习，怎么能说是为我们学习？"

婷婷大声说："你们让我学钢琴、学跳舞、学画画，逼我学习，就是为了让我考高分，让你们在外人面前有面子！"

听了婷婷的话，妈妈被气得浑身发抖。

显然，故事中的婷婷是没有正确的学习动机的。学习动机可以理解为激发个体进行学习活动，或维持已进行的学习活动，并使行为达到一定学习目标的心理倾向或内部动力。有学者就"你为谁而学习"这个问题对学生的学习动机展开调查，结果有47%的学生认为学习是为了家长，31%的学生表示学习是为了老师，只有22%的学生认为学习是为了自己能有更好的未来。

孩子之所以会产生"为家长学习"这种错误的学习动机，往往是因为家长过度干涉孩子的学习生活，不能尊重孩子的自主学习规划和选择。比如在选择兴趣班时，孩子分明选了舞蹈班，家长却坚持让孩子学素描，因为家长认为学习素描对孩子将来学习立体几何有帮助。在这个过程中，孩子就会认为素描对父母来说很重要，自己是为了父母才学习素描的。

正确的做法是充分尊重孩子的选择，并陪伴孩子坚持下去，这样更有助于激活孩子的内在学习动机；如果预料到孩子的选择有可能不符合现实需要，家长可以提前做好铺垫和准备，循序渐进地引导孩子理性地做出选择。

2. 因为学习能力引发的厌学

陌生的学习环境和崭新的知识体系是摆在孩子面前的巨大考验，基础扎实、学习能力强的孩子可能适应得较好，但那些基础相对薄弱、吸收新知识的速度较慢、欠缺学习方法的孩子适应起来会比较困难，如果后一种孩子缺乏学习韧性，不具有攻坚克难的意志，或者在反复尝试之后依然不能取得预期的成效而产生习得性无助，很容易进行自我怀疑，产生厌学心理。对于这种孩子，家长可以通过事前预防、事中支援、事后拆解的方法予以帮助。

事前预防：因为学习能力不足引发的厌学是可以预防的。这需要家长在孩子进入新的学习环境之前做足"功课"，向孩子介绍新的学习环境、学习规则、常见的学习问题等；让孩子通过自学新的知识体系、向高年级学生请教等办法，对所要学习的新知识形成初步的认识和理解，了解新的学习方法。

事中支援：家长可以通过观察、询问孩子的学习情况，与老师沟通等办法及时把握孩子的学习状态，如果发现孩子在某个方面存在问题，要及时帮助孩子寻找新的学习方法，争取老师的帮助。

事后拆解：如果孩子已经产生厌学情绪，要帮孩子梳理出具体的问题，将学习上的难题拆解成多个小问题，逐个突破，在此过程中帮助孩子重拾信心。

3. 因为同学关系引发的厌学

对孩子而言，宿舍、班级都是小型的社会，同学关系是一种微妙的人际关系。同学相处融洽，孩子在班级中会更有归属感；同学之间发生矛盾冲突，会对孩子的心理健康、学习态度带来不良影响。早恋、同学冲突、小群体矛盾、校园霸凌是最为复杂的同学关系问题，很容易引发孩子的厌学情绪。

在解决因不好的同学关系引发的厌学问题时，家长应重点关注孩子的感受，从孩子的角度思考问题，积极回应孩子的内心需求，避免过度批评、指责孩子，必要时可在与孩子达成一致意见后，与对方家长、老师、警方沟通，共同解决问题。

4．因为师生关系引发的厌学

师生关系是指老师和学生在教育教学过程中产生的关系，包括彼此所处的地位、作用和相互之间的态度等。师生之间产生误解、老师出现师德问题、孩子不适应老师的教学风格等有可能引发孩子的厌学情绪。在面对这类情况时，家长要引导孩子从以下三个方面积极调整状态，因为即便更换新的学校，也同样要适应未知的师生关系。

（1）化解矛盾，帮助老师树立威信。当孩子面对师生关系问题时，家长应主动了解事情始末，从中调和，力争化解矛盾，并帮助老师树立威信，使孩子能继续敬师、乐学。

（2）理性看待，不对老师进行比较。有些孩子会将各科老师放在一起做比较，认为所有老师都应该像某老师一样好；如果不喜欢某位老师，孩子就会不喜欢他所教的学科。这种做法显然不合理，家长应引导孩子放弃这种不合理做法。

（3）学业为重，弄清师生关系的本质。师生关系可以被理解为一种合作关系，合作的目标是使学生取得更好的成绩，家长应引导孩子在这种关系中适当得到教师的帮助，以提高学习成绩，不在其他方面对教师期待过多。

5．因为亲子关系引发的厌学

离异家庭、重组家庭、留守家庭等特殊结构家庭中出现孩子厌学的情况比较多，这些家庭中的孩子缺乏母爱或者父爱，容易出现自我封闭、孤独、焦虑、忧愁等情绪，孩子长时间无法集中精力学习，导致知识储备不足和学习能力下降，进而产生厌学情绪。

亲子关系冲突较多的家庭中出现孩子厌学的情况也比较多，

这种厌学多是由家长的教育方式简单粗暴、忽视孩子的情绪变化、不关心孩子的内心需求等造成的。

想解决以上厌学问题，需要家长和教师共同努力，从关爱孩子内心、补习薄弱学科、教会学习方法、帮助树立学习信心等多方面入手，并长期坚持。

6. 因为兴趣爱好引发的厌学

对于中小学生而言，学习是一件投入时间和精力较多，但回报率较低或回报速度较慢的事情，有时候孩子明明已经很用功地学习了，可成绩却不见提高，或者提高得很少，导致父母和老师看不见他的努力，依然对他充满失望和不满。虚拟的网络世界却不是这样，在网络游戏里，只要按照规则操纵按钮，就可以打败"敌人"，取得胜利。这种获得感和成就感是即时的，让人热血沸腾，乐此不疲。于是，孩子便将热情转入虚拟的网络游戏、网络社交之中，厌恶学习的情绪一天天蔓延开来。

应对这种厌学情况，要遵循循序渐进、由浅入深的原则，尽可能让孩子在学习中体验到成就感，得到老师、家长及同伴的认可和鼓励，逐渐恢复对学习的信心和兴趣。

冰冻三尺，非一日之寒。孩子厌学情绪的形成不是发生在一朝一夕的，纠正厌学行为也不是短期能见到效果的。如果孩子厌学情绪严重，不要把这当成"世界末日"，每个学生都是一块金子，都有闪光的一面。家长要趁这个机会好好和孩子谈谈心，问问孩子真正热爱、擅长什么，未来的理想是什么，当下最需要做的是什么。帮助孩子制订真正适合他的人生规划，才是家长送给孩子最好的礼物。

# 第三节　全家适用的成长型思维

　　一个身着制服的人正在路边同一位老人谈话。一个小男孩跑过来对身着制服的人说："不好了，你爸爸和我爸爸吵起来了！赶快回家看看吧！"

　　老人问："这孩子是你什么人？"

　　穿制服的人说："是我儿子。"

　　请你在10秒钟内回答：这两个吵架的人和身着制服的人是什么关系？

　　在100个回答者中，能在10秒钟内答对这道题的只有2个人！答案是：身着制服的是位女士。两个吵架的人中，一个是她的丈夫，即孩子的爸爸；另一个是她的父亲，即孩子的外公。当向一家三口提问这个问题时，首先回答正确的是孩子。为什么成年人对如此简单的问题解答得反而不如孩子快呢？这是由定式思维（也称固定型思维）导致的：按照成人的思维，提起"身着制服的人"，一般会先想到男性，按照这种思维定式去思考，自然找不到答案；小孩子没有这方面的经验，不受思维定式的限制，就能够很快想出正确答案。

## 一、什么是思维定式

思维定式是指按照先前积累的经验教训和已有的思维规律，在反复使用中所形成的比较稳定、定型化了的思维路线、方式、程序、模式（在感性认识阶段也称作"刻板印象"）。

思维定式是人们根据先前经验而产生的思维模式。在常规情况下，思维定式能够帮助人们省去许多摸索、试探的步骤，缩短思考时间，提高效率。有人做过统计，在日常生活中，思维定式可以帮助人们解决90%以上的常规问题。

但是，思维定式也在限制人们的思考，使人们用固定的思维对待问题，从而错过一些重大的机遇。

拿破仑被流放到圣赫勒拿岛后，一位善于谋略的密友几经周折送给他一副用象牙和玉制成的国际象棋。拿破仑对这副象棋爱不释手，常常一个人默默地下棋，打发着寂寞的时光，直到他生命的尽头。

拿破仑死后，这副棋被多次拍卖。多年以后，一位买家突然发现其中一枚棋子的底部居然可以打开，里面藏着一张纸，上面写有能够帮助拿破仑逃出圣赫勒拿岛的详细计划！

原来，即便是聪明的拿破仑也无法摆脱思维定式的束缚，他单纯地凭借自己的经验以为象棋只是朋友送给他打发寂寞的工

具。假如拿破仑知道自己错过了一个绝妙的逃跑计划，他会是何等的遗憾和悔恨呢？

常见的思维定式有传统定式、书本定式、经验定式、名言定式、从众定式和麻木定式。生活中，很多问题的产生都来源于人们的思维定式，因为思维定式会使人形成固定思维，具有固定思维的人往往乐于安守现状，过一成不变的生活，他们不愿意积极地寻找解决问题的新思路、新办法，消极地认为自己没有足够优秀的能力、足够好的运气、充足的时间，无法得到有效的支持……他们没有意识到，像鸵鸟一样把头埋进沙子里，困难并不会消失，只有突破思维定式，才能使事情朝更好的方向发展。

## 二、什么是成长型思维

突破思维定式的最好办法是培养成长型思维。在《司马光砸缸》这篇课文中，当小司马光发现同伴落水后，他并没有按照思维定式，认为只有把同伴从缸里拉出来才是解救同伴，也没有因为自己只是个孩子，认为自己没有办法救助同伴，跑去寻求大人的帮忙或急得在原地哭泣；而是选择破缸放水这个独特思路，快速解决了问题。这是突破思维定式、收获美好结局的典型事例。

成长型思维不仅能帮助人们找到解决问题的新办法、新思路，而且会使人意识到自己的能力是可以通过自身的努力、学习不断提升的。具有成长型思维模式的人面对成功时喜欢思考自己收获了什么；面对失败时能够积极探究产生问题的根源，思考应该如何改进才能呈现出越挫越勇的状态。

拥有成长型思维是人们通往成功的基础，因为拥有成长型思维的人愿意接受挑战，不断突破自我，追求更大的进步。在家庭教育当中，家长如果能与孩子共同养成成长型思维，会给孩子树立良好的榜样，使孩子更加勇敢、积极地面对学习上的压力和生活中的问题，也会减少很多不必要的亲子冲突，营造更加和谐的家庭氛围。

## 三、如何培养成长型思维

### 1. 不急于成为第一，进步是最好的成长

每个家长都希望自己的孩子"好"，每个孩子都梦想自己能成为第一名，但第一名常只有一个，如果只以成为第一名作为好孩子的判定标准，孩子很容易迷失自我、丧失信心，正确的做法是让孩子知道什么是真正的"好"，并持续强化这种"好"，让孩子具有发展这种"好"的信心。

当孩子考试的成绩比上次进步一两分时，家长应该认可孩子的进步，因为这是孩子努力学习的结果；当孩子在运动会上坚持跑完全程时，家长应该认可孩子的成绩，因为这是孩子坚持不懈的结果；当孩子化解了同学之间的矛盾时，家长应该认可孩子的能力，因为这是孩子善于协调的结果……家长可以先让孩子发现自己身上的优点，再让孩子看见这些优点给他带来的进步，才能使孩子相信自己有能力实现学习中的各项目标，克服学习中的不

同困难，成为更好的自己。

**2. 接纳孩子的缺点，帮助寻找成长路径**

好孩子是夸出来的，但仅凭夸奖孩子、给孩子树立信心是不够的，家长应该客观地接纳孩子身上的缺点，和孩子一起有针对性地寻找有利于孩子成长的学习方法、记忆方法、交流方法、发展路径，引导孩子意识到事情总是在不断地发展变化着，任何事情的好坏都是暂时的。家长要帮助孩子消除下面的错误想法：

（1）我很笨。

（2）在学习方面，我怎样努力都学不好。

（3）我希望能学得好，但总担心学不好。

（4）学习没有用处。

（5）我是为了父母学习。

（6）我的未来没有希望了。

（7）我是一个很失败的人。

（8）这个世界是充满恶意的。

（9）我任何地方都比不上别人。

（10）我的存在没有意义，我是个多余的人。

**3. 不放弃个人成长，做孩子最好的榜样**

人们常说："活到老，学到老。"我们只有坚持学习，才能紧跟时代的步伐，成为对社会有用的人、不被社会淘汰的人。家长往往要求孩子学习，自己却以"年纪太大没精力学习""学习是孩子的事"为理由放弃成长。这样的教育，往往不被孩子认可。家庭教育中常用的方法有说服教育法、表扬激励法、榜样示范法、创设氛围法、心理疏导法、行为训练法、批评惩罚法。其中，榜样示范法能使家长好的言行在潜移默化中被孩子看见、认可、效仿，是教育效果最好的方法。家长不放弃个人的成长，让孩子见证什么是终身学习，能给孩子树立榜样，给孩子增添学习动力。

原梦园是一位十分励志的49岁陪读妈妈。她在陪读的过程中并不是简单地负责孩子的饮食起居，送孩子上课、补课，而是不放弃个人成长，参加了成人高考，通过了大学英语四级考试，和儿子一起准备研究生考试，当儿子成功被复旦大学录取为研究生时，这位妈妈则被广西大学录取，这位"学霸妈妈"的故事一时间成为美谈。

原梦园的故事告诉我们：想让孩子成为什么，自己要首先成为什么样的人，和孩子一起成长，成为孩子的榜样，孩子才会如你想象中的那样优秀。

4. 变换思考方式，给自己积极的暗示

当孩子遇到类似下面的情况时，家长不妨尝试引导孩子换一种更积极的思考方式。

**相同场景下不同思维方式及其内涵解读**

| 场景 | | 思考方式（示例） | 内涵解读 |
| --- | --- | --- | --- |
| 犯了错误 | 错误想法 | 我又犯错误了，真可怕。 | 我是个失败者，后果很严重。 |
| | 成长型思维 | 犯错能让我变得更好。 | 我能从犯错中汲取经验教训。 |

| 场景 | | 思考方式（示例） | 内涵解读 |
|---|---|---|---|
| 遇到挑战 | 错误想法 | 我不擅长做这件事。 | 我做不好这件事。 |
| | 成长型思维 | 我的水平有待提高。 | 我可以通过学习做好这件事。 |
| 遇到困难 | 错误想法 | 这太难了。 | 我不可能完成这件事。 |
| | 成长型思维 | 我需要更多的时间。 | 任何事情都有办法解决。 |
| 感到困惑 | 错误想法 | 我解决不了这个问题。 | 这对我来说太难理解了。 |
| | 成长型思维 | 我忽略了什么。 | 解决这个问题的关键在哪里？ |
| 想要放弃 | 错误想法 | 我不干了。 | 我的能力达不到，我只有放弃了。 |
| | 成长型思维 | 我得试试其他办法。 | 办法总比问题多，也许换个方法就好了。 |
| 否定自己 | 错误想法 | 我就是做不到。 | 我没有做到的能力。 |
| | 成长型思维 | 必须要给自己加油了。 | 我一定能够找到掌握这种能力的办法。 |
| 表扬自己 | 错误想法 | 我已经做到极致了。 | 这是我能力的"天花板"了。 |
| | 成长型思维 | 我还能做得更好。 | 我还会有更大的进步。 |

成长型思维能给人带来满满的成就感，提升人的自信和内在的自尊，使人获得向上生长的内在力量。希望家长在与孩子共同培养成长型思维的过程中能够收获更多积极的体验。

# 第五章
# 家庭中的身心健康教育

身心健康是指人的身体、心理健康且容易适应社会的状态。

随着物质生活的日益富足，人们对身体健康的关注和投入越来越多，养生和健身意识在逐渐增强，但对于自身精神世界即心理健康的"保健"却少得可怜，很多人因此陷入心理危机。

世界卫生组织预计全球约有3.5亿名抑郁症患者。调查显示，29%的大学生存在不同程度的抑郁状况，其中20%为轻度抑郁，7%为中度抑郁，2%为重度抑郁，这也是近年来世界范围内自杀事件多发、频发的原因之一。

某市中学生的心理问题总检出率（指存在轻度及以上心理问题的学生人数占学生总数的百分比）高达44.99％，这意味着该市接近一半的中学生都存在着不同程度的心理问题。这组数据解释了近几年频繁发生学生厌学、离家出走、弑亲等骇人听闻事件的原因——学生们的心理健康状态令人担忧。

可见，在关注学生们身体健康的同时，老师和家长们也应该积极关注学生们的心理健康。

# 第一节　爱运动的孩子更阳光

人们常说，生命在于运动。可是，许多家长因为过度关注孩子的学习成绩，或没有时间陪伴孩子，而忽略了孩子对运动的需求，使孩子无法享受运动的快乐，就像正在茁壮成长的秧苗缺少了阳光的滋养。

一份问卷显示，有26.9％的家长不支持孩子在课余时间参加体育活动；25.48％的学生表示每天参加体育锻炼的时间不足30分钟；28.60％的学生表示课业负担重；85％的学生表示每天有0.5—3小时使用手机、平板电脑等玩游戏、看电子书；55.06％的学生表示课间休息时会选择待在教室里休息或看书写字；78％的学生表示课后或者节假日需要参加一个或多个学习班、培训班等。

久坐、长时间低头、缺少运动，会直接导致包括视力水平在内的青少年身体健康水平逐渐降低。一份针对全国6个省市约20000名学生进行的调研显示，采样区学生的身体健康情况普遍不容乐观，近视、肥胖、肺活量不达标等问题突出。

6省市学生身体健康状况调研统计表

| 调查对象 | 调查项目 | 调查结果 | 存在问题 |
| --- | --- | --- | --- |
| 7—18岁中小学生 | 身体形态：身高、体重等 身体机能：肺活量 身体素质：50米往返跑、仰卧起坐、立定跳远等 | 体质健康整体状况不容乐观 | 体质健康随年龄增长呈下降趋势，肥胖率、近视率持续上升 |
| 7—22岁青少年 | | 体质健康水平下降 | 超重肥胖检出率上升 |
| 5808名13—22岁学生 | | 体质健康状况不容乐观 | 体质健康率随年龄增长而下降 |
| 12000名13—18岁学生 | | 体质健康整体呈下降趋势 | 部分身体素质指标如立定跳远、坐位体前屈下降 |
| 3240名中小学生 | | 体质状况不容乐观 | 肥胖和超重率较高，肺活量不及格率高于良好率和优秀率 |
| 15个市的中小学生 | | 体质发展存在一定地域差异 | 体质健康地域间发展不平衡 |

运动并不会占用孩子们太多时间，相反，坚持适当运动，还会使孩子们获益多多。

## 一、运动有利于促进身体健康

运动和人的身体健康正相关，运动能促使人类体内的细胞活跃起来，让人拥有好气色并且更加健康。

1. 适当运动可增强体质

骑自行车、游泳、跳绳等健身运动，可以有效增加肺活量，增加血液中含氧量，加快新陈代谢；还能改善睡眠质量，缓解生活压力，减少沮丧和焦虑情绪。

跑步、深蹲、俯卧撑、仰卧起坐、举哑铃、引体向上等运动能使人更有力量。

2. 运动可以提高免疫力

体育锻炼能够促进人体的内循环，使人体脏器的各项功能维持在较高水平，从而有效提高人体自身免疫力。但在锻炼时一定要注意适度、持续和循序渐进，避免锻炼强度过大或间隔时间过长，如果机体过度劳累，免疫力反而会下降。

## 二、运动有利于促进心理健康

1. 运动可以促使身体分泌多巴胺

运动可以促使身体能够形成催发快乐情绪的化学物质——血清素和多巴胺，从而帮助人们改善抑郁，舒缓压力。运动还可降低皮质醇含量，有助于提高记忆力和专注力，提高学习效率。

家教：好家教需要好家长

2．运动可以提高人的社会适应能力

在集体性体育运动项目中，队员之间需要相互交流、合作、关爱，这种良好的关系会使人感到精神振奋，提高人际交往能力和社会适应能力。

3．运动可以锻炼人的意志品质

意志是人们为达到一定目的而自觉行动、克服困难的心理过程。在进行体育运动过程中，人们需要对抗身体疲劳、身体冲突，需要在竞争中克服压力、控制情绪、寻找获胜的方法，这充分锻炼了人们在困难和挫折面前坚持目标、不轻言放弃的意志品质。

## 三、运动有利于增进亲子感情

很多父亲忙着打拼事业，业余时间也多用来应酬，把教育孩子这件事完全交给了孩子母亲，父亲在家庭教育中的缺位，会影响亲子关系的融洽。

良渚文化村有一支纯公益的亲子棒球队，亲子棒球活动的核心是父亲教孩子打棒球。参加球队的父亲大多已经人到中年，他们往往离开运动场已久，大腹便便，体力也跟不上，但为了给孩子树立持之以恒的榜样，他们坚持按时到训练场参加活动。

一位父亲说，他和自己的父亲之间就因为缺少共同话题而几乎无话可说。他与孩子之间也曾有过这种苗头，但在参加亲子棒球队的三年里，他与儿子的关系回归到了亲密状态。棒球不仅为父亲与儿子之间提供了共同的话题，也使父子之间的交流拓展到

更多领域，增进了父子之间的了解和信任。

　　一位参加亲子棒球活动的母亲表示，因为有了棒球这个纽带，自己的爱人跟孩子的关系更加融洽了，家庭责任感更强了，对孩子的教育也更加关注了，不再当"甩手掌柜"。这也证明了"体育是最好的家庭关系纽带"。

## 四、如何通过体育运动促进全家人的身心健康

### 1. 选择适合全家参与的运动项目

　　可以根据家庭成员身体情况选择适宜的运动项目，每周运动3—5次，每次1—2小时，以中等强度（略微出汗，稍有累感）为宜。

　　运动时选择舒适合身的运动服，在运动前充分热身，可以有效避免运动损伤。运动中若感觉不适要立刻停止运动；运动后要充分拉伸身体，避免因运动导致的肌肉紧张。适合全家参与的运动项目有很多，例如：

　　　·球类运动：网球、足球、篮球、羽毛球、乒乓球等；

　　　·耐力运动：快走、爬山、跑步（亲子马拉松）、骑自行车等；

　　　·其他运动：放风筝、投沙包、跳绳、亲子瑜伽等。

### 2. 选择合理又健康的饮食结构

　　近20年来，我国青少年体质水平不断下降。资料显示，青少年的超重及肥胖检出率呈逐年上升趋势，有近10%的学生肥胖和超重。我国青少年的身体健康状况由过去营养不良的"豆芽菜"型，变成现在营养过剩与缺少运动的"小土豆"型。导致这种现

象的原因除遗传因素、睡眠不规律、缺少运动外，还有饮食结构失衡，高热量食物摄入过多。

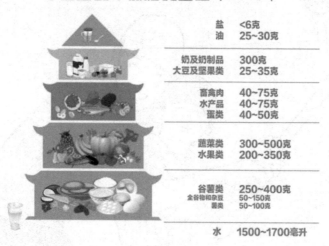

运动贵有恒，饮食贵有节。为了指导居民合理选择食物，科学搭配食物，吃得营养，吃得健康，从而增强体质，预防疾病，2016年，国家卫计委发布了《中国居民膳食指南（2016）》（以下简称《指南》），从食物多样，谷类为主；吃动平衡，健康体重；多吃蔬果、奶类、大豆；适量吃鱼、禽、蛋、瘦肉；少盐少油，控糖限酒；杜绝浪费，兴新食尚等六个方面，针对孕妇、乳母、2岁以下婴幼儿、2—6岁学龄前儿童、7—17岁青少年、老年和素食人群等特定人群的生理特点及营养需要，在一般人群膳食指南的基础上对其膳食选择做出了特殊指导。家长可根据孩子的具体年龄段，从《指南》中找到对应的营养搭配建议，在居民平衡膳食宝塔的基础上，适当完善孩子的饮食结构。

3．保持健康又规律的作息习惯

目前，我国未成年人已超过3.72亿，中国少年先锋队全国工作委员会与中国青少年研究中心联合开展的一项调查显示：46.9%的中小学生没有达到国家规定的每天8—9小时睡眠标准，睡眠不足不仅直接影响着青少年的身体发育，而且会导致学生在第二天精神萎靡不振、学习效率降低，甚至出现上课睡觉的情况。

家长应帮助孩子养成相对固定的睡眠习惯，按时作息；晚餐不要吃得太饱或太晚，以免影响入睡；注意睡前的饮食，尽量不要喝含有咖啡因的饮料；避免白天午睡时间过长。

4．了解国家关注的监测项目

为激励学生积极参加身体锻炼，促进青少年身心健康、体魄强健、全面发展，教育部印发了《国家学生体质健康标准（2014年修订）》（以下简称《标准》），并将其作为学生发展核心素养体系和学业质量标准的重要组成部分。学生《标准》测试成绩达到良好及以上者，方可参加三好学生、奖学金等评选；成绩达到优秀者，方可获体育奖学分。《标准》成绩不及格者，在本学年度准予补测一次，补测仍不及格，则学年《标准》成绩为不及格。普通高中、中等职业学校和普通高等学校学生毕业时，《标准》测试的成绩达不到50分者按肄业处理。

家长应针对《标准》中的具体要求，有针对性地引导孩子训练检测项目（扫描二维码，可以查看官方文件）。

## 第二节　帮助孩子跨过成长中的那些"坎"

　　每个家长都希望自己能像超人一样关注到孩子成长过程中的每一个细节，为孩子提供最好的教育。家长们拼命地学习成功的教育经验，积累优秀的教育方法，但往往事与愿违，我们总会突然发现这些经验和方法好像并不适合自己的孩子：要么我们的孩子足够好，完全没有表现出类似的问题；要么我们的孩子很糟糕，这些方法不足以应对。这是因为孩子的发展具有不均衡性，并非所有孩子都会在同一时期出现相同的问题，但我们可以根据孩子接触社会的时间阶段，通过总结一般规律，把握关键时期，帮助孩子跨过成长过程中的那些"坎"。

### 一、入园适应时期

　　开学第一天，幼儿园门口传来一阵阵撕心裂肺的哭声。苗苗妈妈把哭得稀里哗啦的苗苗送到老师手里，转身往家的方向走去。老师一边让苗苗和妈妈说再见，一边告诉苗苗："放学时，妈妈就来接你了。"可苗苗还是哭个不停。听着苗苗的哭声，苗苗妈妈不忍心，又转身跑回幼儿园，把苗苗抱在怀里。这下，苗苗哭得更伤心了，好几个本来已经停止哭泣的小朋友听了苗苗的哭声又跟着大哭起来，幼儿园里顿时哭声一片……

幼儿园是孩子在成长过程中要融入的第一个家庭以外的集体，步入幼儿园，意味着孩子正逐渐步入社会，丰富自己的社会属性。大多数孩子不能快速适应幼儿园生活，出现哭闹的现象，这是孩子成长中遇到的第一道"坎"，即"分离焦虑"。

分离焦虑是指婴幼儿与母亲或照顾他的熟悉的人分离时，面对陌生的环境而产生的紧张情绪和不安的行为。

分离焦虑的表现可以分为反抗、失望、超脱三个阶段，也就是孩子从刚进入幼儿园时的号啕大哭、又踢又闹，到低声哭泣、不理睬他人、表情迟钝，再到接受外人的照料，开始正常的活动，如吃东西、玩玩具等。但是看见母亲或照顾他的熟悉的人时，孩子又会出现悲伤表情。

家长可以通过提前带孩子了解园所环境和老师、提前模拟幼儿园生活、向孩子讲清楚上幼儿园的目的和意义、带上孩子熟悉和喜欢的物品、提前和老师讲清孩子的小习惯等办法预防孩子在入园时出现分离焦虑。如果孩子表现出分离焦虑，需要和老师沟通，家园合作，共同找到应对方法；也要引导孩子演出或者说出在幼儿园内的一日生活以及接触的人、事、物，以便找出引起孩子抗拒入园的其他原因，以便有效应对。

## 二、幼小衔接时期

说起上小学，很多家长头脑中会出现"幼小衔接"这个词。从字面意义来理解，幼小衔接是指幼儿园与小学阶段之间的过渡和衔接。幼小衔接阶段是孩子在成长过程中面临的一个重大的转折期。

大多数家长能够认识到幼小衔接对孩子具有十分积极的意义，因为孩子升入小学以后所面临的无论是教育性质、学习环境、老师的教学方法，还是课堂形式、学校的管理制度等都与在幼儿园时有着明显的差别。

但仍有些家长并不了解孩子在进入小学阶段后可能会遇到的实际困难，只注重给孩子提供物质保障而忽略了对孩子精神上的鼓励与支持，有的甚至对孩子提出高于学校的学习要求，进行超前教育，加大了孩子入学适应的困难，使孩子在升入小学后表现出上课注意力不集中、生活自理能力差、不善于与老师和同学沟通等问题，也有一些孩子会出现紧张、焦虑等情绪，甚至产生厌学心理。

其实，如果能提前向孩子渗透小学与幼儿园的差异，使孩子在身心上接受小学生活，就可以在一定程度上帮助孩子更快地完成入学适应，有利于孩子更顺利地度过幼小衔接阶段。

圆圆今年上小学一年级。为了让圆圆能够尽快适应小学生活，圆圆妈妈早早地就给圆圆做好了幼小衔接的准备：给圆圆请了家庭教师，让圆圆提前学习了小学一年级的课程。

开学第一天下午，班主任老师在班级联络群里总结了孩子们一天的表现，并着重表扬了一些同学：听课方法好，课堂上坐姿端正且听课注意力高度集中的赵一一；学习习惯好，桌面学习用品摆放最整齐的王佳琪；学习态度好，积极举手回答问题且声音洪亮的王思思；关心他人，帮助老师安抚因为想念家长而哭闹的同学的刘亮亮；热爱集体，主动帮助班级打扫卫生的李乐乐……同时，老师指出了一些还不能快速适应小学生活的学生，圆圆就名列其中。

"我家圆圆已经提前把小学一年级的课程学完了，怎么会不适应小学一年级的生活呢？"圆圆妈妈向同事抱怨。

"心态放平和一点儿嘛。你应该从适应学校里的人、事、物、规则等身心适应的角度帮助孩子做好入学适应，而不是让孩子超前学习文化课程。你看老师表扬的是哪些关键点，就知道入学适应的重点有哪些了。"圆圆妈妈的同事说。

分明已经让圆圆超前学习了一年级的课程，但圆圆还是无法快速适应小学一年级的学习生活，这是圆圆妈妈心中最大的不解。看来，幼小衔接的实质并不是圆圆妈妈所理解的提前学习文

化课程，家长要找准帮孩子做好幼小衔接的方向。

帮助孩子做好入学适应不是一件容易的事情，需要家长综合考虑，从长计议，以下几个方面供大家参考：

1. 积极暗示，让孩子向往学校生活

在入学之前，可以向孩子传递关于校园生活的积极信息，如在小学阶段可以学到哪些科目的知识、结识更多的朋友、掌握更多的本领，成为知识更渊博、身心更健康、发展更全面的人，使孩子对校园生活产生向往。这样可以在一定程度上缓解孩子的入学焦虑，避免孩子出现厌学心理。

2. 提前渗透，培养孩子的规则意识

应该提前向孩子介绍小学阶段的校园管理规则，比如见到老师和同学要问好、要靠右侧通行、上下楼梯或出入教学楼时要排队、上课时应保持正确的坐姿、回答问题和说话前应该先举手、碰到别人或别人的东西时应该主动道歉、同学之间要互相宽容等。

3. 亲自参与，鼓励孩子过集体生活

可以通过带孩子采买学习用品（书包、透明书皮、姓名贴、铅笔、转笔刀、橡皮、文具盒等）、参观校园等，让孩子通过亲身参与，意识到上学是他自己的事情，并养成自己整理学习用品和生活用品的习惯；告诉孩子他能为集体做很多事情，比如扫地、擦窗台、摆桌椅等，并且可以通过遵守纪律、保持卫生、礼貌待人等行为维护班级荣誉，激发孩子的荣誉感、使命感以及为集体贡献力量的责任感，促进孩子快速融入小学的集体生活。

4．适当训练，发展孩子的精细动作

进入小学阶段，孩子要接触的书写、绘画任务日渐增多。手眼协调、手部精细动作的灵活发展，是保证孩子正确书写的重要基础。通过开展编织、剪纸等多种形式的活动，锻炼孩子精细动作的灵活性和协调性，提高孩子握笔和运笔的控制能力，可以减轻孩子的书写压力，帮助孩子尽快达到书写、绘画任务的要求。

5．关注老师，捕捉校园生活适应要点

学校和学校之间、班级和班级之间、老师和老师之间往往在教学理念和方法上存在一定差异。家长应重点关注班主任老师的要求，并与班主任在具体要求和方法上保持一致，家校形成合力，促进孩子更快地适应校园生活。

## 三、二孩敏感时期

在很多二孩家庭里，家长都希望能实现一男一女组成个"好"字的愿望。但很多时候，这只是家长的愿望，不是家中第一个孩子的愿望。对于家中第一个孩子来说，"二孩"是一个关乎他们个人幸福的敏感词，而弟弟或妹妹则是突然闯入他们生活的"入侵者"，不仅掠夺了本该属于他们的食物和关注，还掠夺了父母对他们的爱。

多子女家庭中，偏爱是"毒药"，是影响两个孩子关系的头号因素，不仅给第一个孩子的心理带来创伤，也给二孩的安全带来隐患。而有时制造这味毒药的正是家长。

为了维护家庭的和谐，促进两个孩子之间和谐相处，家长应在生育之前和之后做好充分准备。

1. 对孩子进行充分的心理建设

从准备生二孩的时候起，就应该对第一个孩子进行充分的心理建设，让孩子知道家长为什么生二孩，有了二孩之后家里的生活会变成什么样子，需要他帮忙完成哪些事情等，这样，当二孩真正到来时，孩子才不至于不知所措。

2. 让孩子适当参与孕育和养育

从孕期到产期这段时间，不要刻意回避孩子，而应邀请孩子和父母一起迎接和看护小生命，让孩子在参与中获得满足，感受生命的神奇和孕育生命的伟大。

3. 让孩子感到自己依然很重要

有了二孩以后，家中第一个孩子的生活一定会发生一些变化，大人的注意力也会向二孩倾斜。但不要因此忽视了家中第一个孩子的心理感受，要以他的兴趣、爱好、关注点为突破口多进行互动，让他意识到即便家里增加了新成员、即便家长很忙，自己也不会被冷落。

4. 及时回应孩子的各种情绪

当孩子产生各种情绪时，家长要及时予以回应，避免孩子产生消极思想，影响亲子关系。在孩子感到委屈或情绪激动时，可以通过注视孩子的眼睛、拥抱孩子的身体、抚摸孩子的脸蛋或头发等方式安抚孩子的情绪。

5. 公平对待两个孩子

很多家长会要求家中第一个孩子"让着弟弟/妹妹"，在这里建议把"让着"改为"保护"，这样不但可以增强孩子的责任感，给他带来照顾二孩的动力，而且可以降低孩子因觉得委屈、不公平而引发"同胞竞争障碍"（弟弟妹妹出生后，老大发生的某种程度的情感紊乱）的可能性。要少批评两个孩子的缺点，多表扬两个孩子身上的优点，让他们自发萌生互相学习的意识。

6. 鼓励孩子自己化解冲突

当两个孩子之间出现矛盾冲突的时候，家长可以适当干预，避免发生危险，但是不要做裁判、不要做比较，更不要对其中一个进行打骂，要让他们自己想出解决问题的办法。这样既能锻炼孩子们解决问题的能力，也能有效减少孩子们以后动辄找家长"告状"的频率，在一定程度上减轻了家长的育儿负担。

## 四、小学升入初中时期

与小学生活相比较，初中的学习时间有所延长，学习科目有所增加，知识难度有所提升，学习上需要有更强的规划性、自觉性。很多原本学习成绩优秀的学生往往因为没能及时适应中学的学习节奏导致成绩严重下降，也有很多原本成绩不是十分突出的学生后来者居上。如果说在小学阶段家长的主要任务是帮助孩子养成良好的学习习惯，那么在小学升入初中这个关键期，家长应该重视哪几个方面呢？

1．应与孩子提前说明即将面临的变化

家长要在孩子进入初中前，对孩子讲清两个问题：小学和初中的学习有什么联系，又有什么区别；升入初中后他在学习上可能要面临哪些变化。

2．坚持培养良好的学习习惯

初中生需要具有一定的自学能力，要养成提前预习课文、专注听讲、积极思考发言、独立钻研问题、自我检查作业等良好的学习习惯。

3．关注孩子的情绪变化

除了学习压力，初中生还有可能面临更多的人际交往问题，家长应注意观察孩子的情绪变化，以便发现问题及时解决。

4．避免过度否定和打击

初中阶段的学业竞争更为激烈，当孩子出现成绩波动时，切忌一味否定、责备，这样会给孩子带来巨大的压力，往往适得其反。正确的做法是帮助孩子认清客观现实并查找问题原因，有针对性地解决问题。

## 五、青春期

青春期是指青少年的身体发生迅速成熟变化的时期。青春期可分为三个阶段，即青春早期、青春中期和青春晚期。每个青少年进入青春期的年龄和时期都因遗传、营养和运动等因素有所不同。女孩的青春期一般从11—12周岁到17—18周岁，男孩的青春

期一般从13—14周岁到18—20周岁。

处于青春期的青少年会经历身体上的发育和心理上的发展及转变，包括第二性征的出现和其他性发育、体格发育、认知能力的发展、人格的发展、社会性的发展等。家长应重点关注孩子在以下方面的表现，并予以积极引导。

1. 注意青春期的性教育

很多家庭"谈性色变"。其实，关于性的自我认识是无法避免的，以欲盖弥彰的态度对待青春期的性教育，只会让孩子对性感到好奇、迷惑、羞耻和不安。相反，通过阅读科普书籍、观看纪录片等方式对孩子进行性教育，在孩子提出问题时积极地给予正面回答，有利于孩子对性形成正确且理性的认识，对避免早恋、减少青少年的不安全性行为、预防非意愿妊娠和青春期综合征等有很大帮助。

青春期综合征是由于青少年体内性激素急剧增高、自我意识迅速增强、对挫折的强烈反应等多种因素相互作用所产生的一种症状，故又称青春挫折综合征。主要表现为记忆力下降、精神萎靡、敏感多疑、消极自卑、性冲动频繁等。

2. 关注孩子自我同一性的发展

自我同一性是对我是谁、我在社会中应有什么样的地位、我将来准备成为什么样的人以及我怎样才能成为理想中的人等的心理探索。美国著名心理学家埃里克森认为，每个青少年都会经历"同一性危机"，这会使孩子处于自我迷失、迷茫、自卑或过于自大的状态。此时，家长应引导孩子对同一性问题进行辩证思考，帮助孩子探索自我、悦纳自我。

3. 关注孩子自主性的发展

成为一个独立自主的人是青春期发展的任务之一，青春期自主性发展通常分为三种类型：情感自主型、行为自主型和价值观自主型。在自主性发展的过程中，孩子往往会更乐于表达与众不同的观点、与家长唱反调、喜欢穿着能彰显其个性的服装等，连原本听话的乖乖女也会突然拒绝父母的意志。

有人说：每个青春期孩子和父母之间，注定要有一场战争。其实，这场战争是酝酿已久了，在青春期孩子的心目中，家长已经不理解、不接纳他们很久了。现在，他们正在觉醒，他们要用这种方式宣告自己的独立，并希望自己能够做主，能够被家长理解和认可。

随着孩子不断长大，家长要学着调整自己的角色，从孩子的生活指导者转变为孩子思想的陪伴者，要怀着同理心倾听孩子的观点，避免盲目地否定和打击孩子；要尝试着与孩子平等相处，理解孩子的自主愿望，尊重并保护孩子的隐私；学会倾听孩子的意见和感受，学会尊重、欣赏、认同和分享孩子的想法；学会运用民主、宽容的语言和态度对待孩子，促进良性亲子沟通；请孩子参与家庭事务的决策；用冷处理的方式对待亲子冲突，切忌过度唠叨或以暴力的方式"镇压"孩子的叛逆，并结合孩子的具体表现，随时调整教养方式。

# 第三节 "玻璃心"背后的小秘密

娇娇一直是班级里学习成绩名列前茅的孩子，更是老师在学校里树立的榜样，她几乎每天都能得到不同老师的表扬。暑假时，妈妈打算培养她的美术特长，便给她报了美术班学习素描。谁知，刚上了3次课娇娇就不想继续学习了。原来，娇娇所在的美术班里有一个比她小很多的小朋友，画画得特别好，每次上课时老师都要表扬他。娇娇不甘心落在别人后面，可是虽然她每次都是很认真地画，但老师似乎总是无法发现她的优点。娇娇觉得自己没有画画的天赋，认为老师不喜欢她这个"笨拙"的学生，便决定放弃了。

听完这个故事，你对娇娇的第一印象是什么？敏感、脆弱，也就是我们平时常说的"玻璃心"。学习个体之间存在着普遍的差异，学得慢的不见得就是学得差的，在某一个方面学得好的也未必在所有方面都能名列前茅。娇娇不能正确认识个体之间存在的差异，还给自己扣了一顶"笨拙"的帽子，表现出了敏感、脆弱的一面。

如今的社会，人们不需要过度操心物质生活的保障，很多家长将所有精力都集中在关注孩子的个体成长和内心感受上，过度地保护和赞美，导致孩子的心理普遍敏感、脆弱，不能客观看待问题，难以承受打击和压力。

## 一、"玻璃心"的常见表现

### 1. 过度在意他人的评价

父母离婚后，丽丽和妈妈生活在一起，为了在同学面前掩饰自己家庭破裂的事实，丽丽时常在同学面前炫耀自己家庭的幸福。她有时候会主动告诉同学爸爸妈妈带她看了最新上映的电影，有时候会炫耀爸爸妈妈带她吃了高级的料理……只有丽丽自己知道，这些事情并没有真的发生，一切都只是她编造的谎言。有时候，身边有同学悄悄耳语，丽丽甚至会担心同学看穿了她的伪装，在背后说她的"坏话"……她真的很害怕同学们知道她的处境，害怕同学们说她是"没人要的孩子"。

"玻璃心"的孩子很在乎他人的评价，他们享受别人对自己的积极评价，害怕受到嘲笑、轻视。当收到消极甚至中性评价时，会表现出过度的自卑、脆弱、退缩、逃避、失落，表现在行为举止上是拘谨、不爱与人交流、伪装自己、容易哭泣。

2. 过度关注竞争的输赢

有"玻璃心"的孩子往往无法正视失败，他们凡事都要做到最好，不允许自己比别人差，无法接受自己犯错或失败。这类孩子平时会表现出超过同龄人的冷静和成熟，在面对重大比赛、考试时往往会产生更强烈的焦虑、紧张感，一旦遭遇失败或挫折，会产生深深的自责，甚至陷入绝望，也就是人们常说的"赢得起，输不起"。这类孩子背后通常存在着"高压"型的父母，他们为孩子设定的学习、生活目标极高，对孩子的要求也十分严格，具有完美主义倾向。

3. 容易把责任推给别人

同样是在地上摔了一个跟头，有的孩子会爬起来，拍拍身上的尘土继续前进；有的孩子会看看是什么让自己摔倒，下一次绕开障碍物；"玻璃心"的孩子喜欢抱怨说"地面太光滑""椅子太碍事"。这类孩子往往缺乏面对挫折的勇气，在问题面前表现得逃避、退缩。

## 二、造成孩子"玻璃心"的原因

### 1. 孩子与生俱来的气质类型

古希腊医生希波克拉底认为人体内有四种液体，即血液、黏液、黄胆汁、黑胆汁。这四种液体在人体内的比例不同，形成了气质的四个类型，即多血质、胆汁质、黏液质、抑郁质。这四种不同气质类型的人分别具有以下特点：

多血质：活泼、敏感、好动、反应迅速、喜欢与人交往、注意力容易转移、兴趣容易变换。

胆汁质：直率、热情、精力旺盛、情绪易于冲动、心境变换剧烈。

黏液质：安静、稳重、反应缓慢、沉默寡言、情绪不易外露、注意力稳定、善于忍耐。

抑郁质：孤僻、行动迟缓、体验深刻、多愁善感、善于觉察出别人不易察觉的细小事物。

与多血质、胆汁质的孩子相比，黏液质和抑郁质的孩子更容易表现出内心敏感、脆弱的"玻璃心"。

2. 身边人贴在孩子身上的"坏标签"

苗苗是个内心比较敏感的孩子。有一次，苗苗不小心打碎了家里的水杯，急得哭了起来。奶奶看到后责备苗苗说："一遇见事就知道哭，真是个爱哭鬼！"后来，苗苗真的变得像奶奶说的那样，一遇见突发情况就哭个不停，因为苗苗觉得自己就是奶奶口中的那个"爱哭鬼"。

心理学上有一个"贴标签效应"，指的是当一个人被一种词语名称贴上"标签"时，他就会做出自我印象管理，使自己的行为与所贴的"标签"相一致。"爱哭鬼"就是奶奶贴在苗苗身上的"坏标签"，使苗苗真的成了内心脆弱的"爱哭鬼"。

第五章 家庭中的身心健康教育

133

**3．来自身边人的巨大压力**

家长、老师对孩子的过高要求也是导致孩子"玻璃心"的原因之一。比如有些家长要求孩子一定要考取好成绩，一旦孩子的成绩低于家长的预期，家长就会向孩子施加压力："你的成绩下滑得太快了，再这样下去你就变成差生了！""这么简单的题都能做错，你要笨死了！""居然只考了这么少的分，你让我怎么有脸见人？"家长以为这只是对孩子的一种鞭策，殊不知这种期待是压在孩子身上的沉重砝码，使孩子不能正确认识自己、认识成绩，内心产生极度不安和恐慌，心理防线一触即溃。

## 三、如何帮助孩子摆脱"玻璃心"

**1．引导孩子正确认识自己，评价自己**

引导孩子辩证地看待问题，面对各种外来评价时，能够做出积极的正确判断，听到积极的评价时不骄傲，听到消极的评价时不受伤，使孩子具有一颗积极、坚韧的心。

**2．避免完美主义，给孩子足够的支持**

在教育孩子的过程中，要避免完美主义，当孩子的表现不是很理想时，不能简单粗暴地批评孩子，而是要和孩子站在一起，客观、冷静地分析问题，探讨解决问题的办法，形成解决问题的思路，支持孩子循序渐进地成长。

**3．帮孩子找到自己的优点，树立自信**

"玻璃心"的孩子往往缺乏自信，家长要及时发现孩子的优

点和取得的进步，给予表扬，帮助孩子巩固成绩，树立信心。

4. 辩证地对待孩子的"玻璃心"

有些孩子表现出的"玻璃心"并非因为其心理脆弱，而是因为他们更容易感受到他人情绪的变化，这类孩子是高度敏感的。高度敏感的孩子容易被别人的情绪所影响，容易自责。不能简单地把"高度敏感"当成一种负向评价，心理学家荣格说：高度敏感可以极大地丰富我们的人格特点，只有在糟糕或者异常的情况出现时，它的优势才会转变成明显的劣势。高度敏感者做心理咨询师，往往具有很好的共情能力；从事美术、音乐、表演等艺术类工作，更容易获得职业成就；在技术、科研类岗位更能发挥心思细密、严谨的优势。

具有"玻璃心"的孩子在内心深处是十分渴望与外界建立起积极的互动和连接的，只是他们不擅长表达内心的情感，也不知道如何应对外界对他的各种反应。如果家中有"玻璃心"的孩子，需要家长有更多的同理心，多共情孩子的感受，积极回应他的各种情绪；同时，要多对孩子进行有效陪伴，让孩子知道面对同一件事情，不同的人会有不同的反应，每一种反应都是正常的，这样可以逐渐消除孩子内心的不安，使他积聚起更多的安全感，获得勇敢面对世界的力量。

# 第四节　挫折教育不等于给孩子制造苦难

有个人一生中遭受过两次惨痛的意外事故：

第一次不幸发生在他46岁时。那次驾驶飞机发生的意外事故，使他身上65%以上的皮肤都被烧坏了。在经历了16次手术后，他的脸因植皮而变成了一块调色板。他的手指没有了，双腿变得特别细小，而且无法行动，只能坐在轮椅上。

谁能想到，6个月后，他竟然再次驾驶飞机飞上了蓝天！

4年后，不幸再一次降临到他的身上，他所驾驶的飞机在起飞时突然摔回跑道，他的12块脊椎骨全部被压得粉碎，腰部以下永远瘫痪。但他没有把这些灾难当作消沉的理由，他说："我瘫痪之前可以做1万种事，现在我只能做9000种了，我可以把注意力和目光都放在能做的9000种事上。我的人生遭受了两次重大的挫折，我选择不把挫折当成放弃努力的借口。"

这位生活的强者，面对挫折从没放弃过努力，最终成为一位百万富翁、公众演说家、企业家，还在政坛上获得了一席之地，他就是米契尔。

积极面对挫折、磨难能帮助我们锻炼意志、增强能力，顽强的毅力可以征服世界上任何一座高峰。这是米契尔的故事告诉我们的道理，也是挫折教育的深远意义。

每个家长都希望孩子能有强大的心理素质，能够百折不挠、越挫越勇，于是便有了挫折教育。那么，什么是挫折教育呢？挫折教育是指让受教育者在受教育的过程中遭受挫折，从而激发其自身潜能，以达到使受教育者切实掌握知识、增强抗挫折能力的目的的教育，使受教育者经得起风雨，看得见彩虹。

挫折教育是教育的重要组成部分，尽可能多地给孩子提供面对挫折的机会是实施挫折教育的一种途径。但挫折教育不应该只是简单粗暴地为孩子制造苦难。

## 一、家长对挫折教育的误解

### 1. 误以为挫折教育就是吃苦教育

> 一对夫妻模仿日本的“挫折教育”，培养孩子的吃苦能力。冬天，他们把孩子从南方带到寒冷的北方，强迫孩子穿着单薄的衣服在风雪里跑步。孩子冻得浑身发抖，非但没有受到有效的教育，反而对父母产生了怨恨之心。

家长的这种行为不是在对孩子进行挫折教育，而是在故意折

腾孩子。

## 2. 误以为挫折教育就是打击教育

一名初二的女生回到家里高兴地和妈妈汇报自己的考试成绩，她这次成绩提高了十多分。可妈妈听后却冷冷地说："有什么值得骄傲的，看看人家彤彤，每次考试都是满分！"

做作业时，女孩遇到一道不会做的题，来找妈妈求助。妈妈冷冷地说："遇到不会的题就多动脑筋。要记住，是你在写作业，不是我在写作业。这么简单的题都不会做，真不知道你上课的时候在干什么！"

女孩终于忍不住，对妈妈说："我只是遇到了不会的题来向你求助，为什么要这样打击我？"

妈妈说："遇到问题就要自己想办法解决，这点儿挫折都经受不了，将来怎么适应社会？"

这位家长以为用言语打击孩子、拒绝帮助孩子就是在磨炼孩子的意志，对孩子进行挫折教育。其实，这种打击和拒绝只会让孩子更加否定自己、误解父母，给孩子带来更多的不安全感。

## 3. 误以为挫折教育就是把孩子推向困难

明泽是一个性格比较内向的孩子，平时见了生人总是不爱主动打招呼。妈妈认为应该对他进行挫折教育，就

把他带到楼下的花园旁，指着前方正在玩耍的几个孩子对他说："我从楼上向下看过，这几个小朋友你都认识。现在，你分别去和他们打个招呼，我在这里等你。"

明泽紧紧地抱着妈妈的腿，不愿意过去。妈妈看了，狠狠地把明泽推开，用恨铁不成钢的语气说："你是男孩子，必须要勇敢，快去！你要是不去，就不许回家。"

对明泽来说，"和人打招呼"是一个天大的困难，妈妈让他一个人面对这个困难，而且威胁他"不许回家"，这只能使明泽对"和人打招呼"感到更加恐惧，甚至陷入习得性无助。

《教育的选择》中说："真正的挫折教育，不是要家长制造挫折，而是能够和孩子一同面对挫折。"为提升孩子的挫折耐受力，对其进行"挫折教育"是必不可少的有效方式，但"挫折教育"不是简单、粗暴的打压教育，更不是让孩子吃点儿苦头就能实现的。在正确的挫折教育中，父母应该向孩子传递正确的挫折观，积极回应孩子面对挫折时的负面情绪，理性地为孩子提供战胜挫折的帮助。

## 二、怎样的挫折教育才有效

### 1. 传递正确的挫折观

懂得正确分析问题发生的原因的孩子，能更积极地对待挑战和压力，找到更有效的解决问题的方法。当意识到孩子有可能正在经历挫折时，家长首先要与孩子沟通，鼓励孩子勇敢地面对挫折，如果孩子在战胜挫折的过程中遇到难以解决的问题或者出现回避、懈怠的情绪，家长应引导孩子理性分析出问题出现的原因，寻找解决问题的合理路径。

例如：当孩子考试成绩不理想的时候，如果家长武断地判定"考得不好，是你能力不行"，那么孩子肯定就会将失败的原因归结为自己的能力问题，认为自己真的是一个失败的人，从而丧失迎头赶上的勇气。

相反，如果家长能够使用先肯定再分析的办法，鼓励孩子说："这次没考好可能是因为你没有认真审题，答完题目后没有认真检查，下次答题时我们把问题的重点标出来，答完题后再认真检查一遍，成绩一定会有所提高。"孩子就会用积极的态度去看待问题，从而获得努力拼搏的动力和勇气。

2. 表现充分的同理心

一个初中生在访谈节目中哭着向妈妈喊道："为什么你总是觉得别人家的孩子好，你自己的孩子也很努力啊，为什么你总是看不见？每次考试结束后你都对我说，我们班×××很厉害，×××考得比我好，就我一个人总也没进步，考不好。为什么非得打击我呢？别人或许真的很厉害，可我也在努力啊，你为什么看不到，为什么不理解我呢？妈妈，你为什么不能站在我的角度换位思考，为我想想呢？"

妈妈一副高高在上的样子，用不容置疑的语气回答道："不打击你，你就会'飘'。"

在这个妈妈眼中，自己家的孩子是容易骄傲的，只要没有赶超别人家的孩子，就说明孩子的努力还不够。她自己可以以家长的高姿态任意贬损、挖苦、否定孩子，而这样的所作所为都是为了孩子好，为了不让孩子骄傲。

学习从来不是一件容易的事，很多学生都想成为别人羡慕的学霸，但第一名只能有一个。当孩子在学习上遇到挫折时，家长应该学会站在孩子的角度看问题，感同身受地理解孩子渴望得到认可的内心需求，肯定孩子的辛勤付出，帮助孩子寻找突破困难的方法，而不是一味不切实际地将孩子与他人进行横向比较，对孩子的进步视而不见。

3. 不制造习得性无助

习得性无助是指个体经历了某种失败后，在情感、认知和行为上表现出消极的特殊心理状态。习得性无助会导致个体习惯性害怕失败，极力避免做可能失败的事，情绪抑郁、焦虑，并以自暴自弃的形式表现出来。

那些有意给孩子制造麻烦，把孩子推向困难，不给孩子提供任何战胜困难帮助的家长，非但没有正确地对孩子进行挫折教育，反而成了使孩子形成习得性无助的最大推手。要知道，任何困难在孩子没有能力去独自解决时，都足以成为孩子眼中的"灾难"。正确的做法是当孩子面对"灾难"时，鼓励孩子积极地寻

找解决问题的办法，积极地给予孩子适当的帮助，让孩子在积极应对、逐渐突破的过程中积累起战胜困难的勇气和力量，并逐步建立起战胜困难的信心。让孩子能够意志坚定地去面对困难，才是挫折教育的终极目的。

没有谁的人生会一帆风顺，遭遇挫折在所难免。挫折教育要求家长适当让孩子独立面对困难，接受生活中的坎坷，并从挫败中找到解决问题的办法。战胜挫折的经历越多，孩子的耐受力就越强，家长应以支持者、同盟者的身份鼓励和支持孩子战胜挫折，帮助孩子在这一过程中不断挑战自我，积累信心，磨炼意志。

# 第五节　引导孩子掌控自己的情绪

## 一、什么是情绪

　　情绪是对一系列主观认知经验的统称，是人对客观事物的态度体验以及相应的行为反应。当客观事物符合主体的需要和期望时，会引起积极的、肯定的情绪，相反就会引起消极的、否定的情绪。一般来说，人类具有四种基本情绪，即快乐、愤怒、恐惧和悲伤。

　　快乐是指一个人盼望和追求的目的达到后产生的情绪体验。由于需要得到满足，愿望得以实现，心里的急迫感和紧张感解除，快乐随之而生，这正是"人逢喜事精神爽"。

　　愤怒是指所追求的目的受到阻碍，愿望无法实现时产生的情绪体验。有些人在愤怒时会表现得不能自我控制，甚至出现攻击行为。

　　恐惧是企图摆脱和逃避某种危险情境而又无力应付时产生的情绪体验。古代阿拉伯学者阿维森纳做过一个实验：把一胎所生的两只羊羔置于不同的外界环境中，一只羊羔随羊群在水草地快乐地生活；而另一只羊羔旁却总拴着一只狼，这只羊羔总能感受到那只野兽的威胁，生活在极度惊恐的状态下，根本吃不下东

西，不久就因恐慌而死去了。

悲伤是指失去心爱的事物，或理想和愿望破灭时产生的情绪体验。悲伤并不总是消极的，它有时也能够转化为前进的动力，就是我们常说的"化悲痛为力量"。

## 二、情绪对人们的生活有哪些影响

### 1. 情绪影响人的身体健康

某医学院研究所做了一个著名的试验：研究人员将45名脾气、秉性完全不同的青年按照情绪特点划分为三组，30年后研究人员对这三组人的情况进行比对，试验结果具有较明显的差异：

不同情绪状态下人们患病风险比较

| 组别 | 情绪特点 | 患心血管疾病、癌症、精神障碍的比例 |
|---|---|---|
| 第一组 | 性情暴躁、敏感、多疑，容易情绪波动 | 73% |
| 第二组 | 心态较为平稳、性格安静、懂得知足、与人和善 | 25% |
| 第三组 | 外向、积极、乐观、开朗 | 26% |

《红楼梦》中的林黛玉时常以泪洗面，动辄触景伤情，情绪长期悲伤，致使她体弱多病，最终香消玉殒。可见，健康平稳的情绪是身体健康的基础。负面情绪越多，身体疾病也会越多，因为压抑的情绪会不断伤害和攻击人的身体。

### 2. 情绪影响人的心理健康

一些人本来很开朗，却突然间变得精神不振，情绪低落、消极，精力衰减，医学上把这种症状称为"抑郁症"；有些人总是为了避免某件事情发生，重复做同样的事情，这种症状被称为"强迫症"；有些人总是过分担心自己的健康，怀疑自己得了某种病，即便医生反复检查排除这种可能，他仍然坚持自己有病，四处寻医，这种症状被称为"疑病症"……以上各种症状又被统称为"情绪病"。

学习压力大、成绩不如意、父母关系不和谐、遭遇侵犯、性格懦弱、爱钻牛角尖、完美主义等，都可能诱发情绪病。

3. 情绪影响交往和学习

　　玛丽很喜欢自己的数学老师，所以，每次数学测验，她都能考到很高的分数。

　　好景不长，玛丽的数学老师应聘到一所新的学校任教，一位胖胖的矮个子老师成了玛丽班级的新任数学老师。每次看到这位新任数学老师，玛丽都认为是她挤走了原来的数学老师，从内心里深深地厌恶这位新老师。虽然玛丽依然喜欢数学，但她对老师的厌恶情绪对她的学习产生了影响，她的数学成绩出现了快速下滑。

玛丽对新任数学老师的情绪影响了她和这位老师的交往，也影响了自己的学习成绩。从小学高年级开始，这种因为不喜欢老师而影响学习成绩的学生所占的比例逐渐增多。

控制不了自己情绪的人，很难控制自己的人生。情绪是我

们对人生的真实体验，虽然情绪本身并没有好坏之分，但能够自主调整情绪的人，心理承受能力更强，能在生活中收获更好的体验。

### 三、如何教孩子学会管理情绪

1. 教孩子学会识别自己的情绪

很多人喜欢把情绪写在脸上，开心时笑，悲伤时哭，这是我们很容易识别的。而当我们想要对别人做出正向或负向评价时，当我们想做出吵架、攻击、破坏、哭泣、呐喊、求救等举动时，我们应该学会用具体的词语描述自己的情绪。

以下是一组简单描述情绪的词语：

喜：喜悦、兴奋、幸福、热情、感兴趣、满足、骄傲、自信、优越感、谢意、喜爱、感动、激动、惊喜

怒：愤怒、生气、狂怒、暴怒

哀：悲伤、孤独、悲痛、凄凉、悲惨、悲哀

惧：害怕、恐惧、自卑、惊骇

找到对应的词语后，描述出你此时的感觉，感知你希望怎样做，再判断这样做的合理性或者寻找替代的办法。例如：在被同学不小心绊倒后，你感到身体很疼，你应该马上检查一下自己伤得是否严重，如果严重你需要马上就医；你很想责骂同学几句，但骂人是不礼貌的，你应该听他解释并接受他的道歉，毕竟他不是有意的，你应该原谅他，这是你明理的表现。

2．教孩子学会合理发泄自己的情绪

很多人产生不良情绪的时候，只是用自我安慰的方法让自己避免情绪激动，但不良情绪过度积累会对身心健康产生不利的影响，此时，学会合理发泄不良情绪就显得十分重要了。

常用的发泄不良情绪的方法有大哭、适度运动（跑步、跳绳、游泳、练瑜伽等）、唱歌、呼喊、听音乐、涂鸦、做手工等，还有一些可以帮助发泄不良情绪的玩具如"受气包""无限挤泡泡"等，可以结合个人的情况选择相应的方法和玩具。

3．教孩子学会使用提示法调节情绪

当情绪激动又无法宣泄时，可以使用提示法调节情绪。例如：做一次深呼吸，提醒自己"要冷静，不要生气""不要发火，保持淑女/绅士形象"等。

4．教孩子通过颜色调节情绪

不同的颜色可通过视觉影响人的内分泌系统，导致人体荷尔蒙的增多或减少，使人的情绪发生变化。

红色——使人的心理活动活跃

黄色——使人振奋

绿色——缓解人的心理紧张

紫色——使人感到压抑

灰色——使人消沉

咖啡色——减轻人的寂寞感

淡蓝色——给人以凉爽的感觉

英国伦敦有一座桥，原来是黑色的，每年都有很多人到这

里自杀。后来，将桥的颜色改为黄色，来此自杀的人数减少了一半，这充分证明了颜色调节情绪的作用。

懂得控制情绪的人，即使遇到困难、处于逆境，也能通过理智的判断和从容的行动走出困境。希望每一个孩子都能够识别自己的情绪，掌控自己的情绪，做自己情绪的主人。

# 第六章
# 家庭中的生活技能教育

　　世界卫生组织将生活技能定义为个体采取适应和积极的行为，有效地处理日常生活中的各种需要和挑战的能力，是个体保持良好的心理状态，并且在与他人、社会和环境的相互关系中，表现出适应和积极的行为的能力。

　　培养孩子的生活技能，不仅可以锻炼孩子的意志品质，提高孩子的综合素质，增强孩子的自信心，而且能在一定程度上增强孩子的学习动力，促进他们养成良好的行为习惯，还能促进孩子的自主发展，有利于孩子形成良好的个性品质，更好地融入社会。

# 第一节　不会做家务的孩子人生不容易幸福

　　劳动是人类在社会中生存和发展的基础，人们可以通过劳动创造财富，提高生活质量，推动社会进步。但是，劳动需要消耗大量的体力，容易引起身体疲劳，在有些家长和孩子眼中，从事体力劳动类工作是不光彩、不体面的，好逸恶劳的思想愈演愈烈。因此，应该让孩子从小参与劳动，这样不仅可以锻炼孩子的动手能力、协调能力、生存能力，而且有利于提高孩子的合作意识和适应社会的能力，形成正确的价值观。

## 一、世界各国都十分重视孩子的劳动教育

　　德国的法律规定：孩子必须帮助父母做家务。6—10岁的孩子要帮助父母洗餐具，给全家人擦皮鞋；14—16岁的孩子要帮助父母擦汽车和在菜园里翻地；16—18岁的孩子要完成每周一次的房间大扫除。

　　一份调查数据显示，美国小学生每天的劳动时间是72分钟，韩国小学生每天的劳动时间是42分钟，法国小学生每天的劳动时间是36分钟，英国小学生每天的劳动时间是30分钟，而中国小学生每天的劳动时间仅仅是12分钟。相比之下，我国孩子的劳动时

间是不是太少了呢？

不仅小学生，我国中学生参与劳动的情况也不容乐观。一份针对117名初中生的调查显示，80%以上的中学生是从来不做家务或偶尔做家务的；而在校内外劳动与学习备考发生冲突时，90%以上的学生选择了学习备考；一半以上的学生每天参加劳动的时间仅为10分钟左右。

**117名初中学生参加劳动情况统计表**

| 表现 | 人数 | 百分比 |
| --- | --- | --- |
| 从来不做家务或偶尔做家务的 | 96人 | 82% |
| 尽量逃避参加校内外劳动的 | 20人 | 17.1% |
| 碰到测验、考试不参加劳动的 | 106人 | 90.6% |
| 认为文化知识和参加劳动是互不相关的 | 51人 | 43.6% |
| 每天参加劳动时间为10分钟左右的 | 63人 | 53.8% |
| 每天几乎不参加劳动的 | 37人 | 32.5% |

这117人中包括男生57名，女生60名，其中独生子女有115名，占98%。很多家长认为不让孩子参加劳动是在保护孩子，是为了给孩子提供更多的学习时间，让孩子有一个更加辉煌的未来，但孩子真的能因为不参加劳动而拼来一个美好的未来吗？事实并非如此。

## 二、缺失劳动教育的孩子，很难取得成就

因为过度疼爱和保护孩子、担心孩子的学习时间无法得到保障等原因，许多家长并不支持孩子参加劳动，导致孩子错失

接受劳动教育的机会，长大后成为缺乏基本生活劳动能力的"巨婴"。

有这样一个真实的案例，男孩在2岁时就已经认识了1000多个汉字，8岁上中学，13岁考进大学……发现孩子的特殊才能后，父母唯一的心愿就是为孩子扫清一切学习障碍，拼尽全力让"神童"儿子有所成就。

生活上，母亲包办了所有的事情，大到洗衣做饭、小到挤牙膏剪指甲，事无巨细；交际上，男孩没有伙伴，没有朋友，他的圈子里只有家长；他的日常除了学习还是学习。星光不负赶路人，男孩在17岁那年如愿考取中科院高能物理研究所硕博连读的研究生。我们仿佛看到一颗学术界新星正在冉冉升起，他未来应该会成为伟大的科学家吧？

但现实仿佛和这个男孩开了一个天大的玩笑。前面十几年一直处于"开挂"状态的他却在这里显得格格不入。因为当独自来到北京读书后，他发现自己的境遇一塌糊涂：

生活上，他不会洗衣服，宿舍里的脏袜子堆积成山，他总是一副衣衫不整的样子出现在校园里，就连最基本的天冷时加衣服、天热时减衣都不知道，更别说其他的日常活动了；学习上，他只知道整天埋头苦读，不会跟任何人交流，更别说和同伴一起搞科研、做项目……生活上的低能，让他无法独立生活，只得肄业回家。

此时，男孩的妈妈才意识到当初一味追求孩子成绩的做法有多么片面。于是，她开始教儿子如何洗衣服、如何做饭，还经常

把与儿子年龄相仿的孩子邀请到家里和他聊天，试图让他学会如何与人相处。我们不否认学习的重要性，但学习的根本目的是获得事业的成功、生活的幸福，只懂得看书做题而缺乏生活自理能力的人，注定难以获得真正的成功和幸福。

### 三、缺失劳动教育的孩子，没有对生活的正确认知

有一年，发生了严重的饥荒，百姓没有粮食吃，只能挖草根，吃树皮，许多百姓因此被活活饿死。很快，消息被报到了皇宫中。从小养尊处优的皇帝坐在高高的宝座上，听完大臣的奏报后，痛心疾首，他气急败坏地对大臣说："百姓无粟米充饥，何不食肉糜？"（百姓肚子饿，没有米饭吃，为什么不去吃肉粥呢？）久居庙堂之上的皇帝从来不需要劳动，四体不勤，五谷不分，养尊处优，又怎么能理解民间连米饭这种最基本的食物都得不到保障的疾苦呢？

没有经历过劳动磨炼的孩子，往往体会不到劳动成果的来之不易，他们不知道自己的幸福生活是父母通过辛勤劳动创造出来的，他们不懂得应该爱惜劳动成果。在今天这个物质生活十分丰盈的年代，劳动是很多孩子建立对生活基本认知的重要途径。

教育家苏霍姆林斯基说："让孩子动手，亲自参加实践，吃点儿苦，受点儿累，不但可以探究知识奥秘，培养创造能力，而且有利于坚强意志和吃苦耐劳精神的形成。"在日常生活中，家长不必过分保护孩子，应该多让孩子参与一些家务劳动，这不仅

是在向孩子传授基本生活技能，而且可以培养孩子的责任心。因为家不仅是父母的，也是孩子的，孩子有义务为家庭付出劳动。

## 四、如何在家庭教育中开展劳动教育

劳动教育，是使受教育者树立正确的劳动观点和劳动态度、热爱劳动和劳动人民、养成劳动习惯的教育，是德智体美劳全面发展的主要内容之一。对孩子进行劳动教育时，不仅要有针对性地锻炼孩子的动手能力，让孩子掌握各种基本生活技能，也要让孩子认识到劳动能够使人有饭吃、有衣穿、收获报酬，更要以劳动教育为契机，对孩子进行多方面的引导，使孩子在付出汗水的同时收获更多的成长。

1. 指导孩子在劳动教育中学会责任担当

家务劳动是最简单、最日常的劳动，让孩子从小多参与家庭劳动，不仅能有效减轻家长的负担，而且有助于提高孩子的责任担当意识，为孩子将来的良好发展打下坚实的基础。美国哈佛大学的学者在进行了长达20多年的跟踪研究后发现，爱干家务的孩子与不爱干家务的孩子相比，失业率的比为1∶15，犯罪率的比为1∶10，离婚率与心理患病率的数据也有显著优势。

克洛克的家境并不富裕，为了多赚些零花钱，他不得不利用课余时间到快餐店打工。最开始，老板安排他擦桌子，他觉得这种劳动不会有发展，当天就溜回家里。

克洛克向父亲诉苦："我的理想是做老板，不是擦桌子。"父亲没有反驳他，而是叫他先把自家的餐桌擦干净。克洛克拿来抹布在桌子上随意擦了一遍，然后看着父亲，等他验收。父亲拿来一块崭新的白抹布在桌面上轻轻擦拭了一下，洁白的毛巾立即脏了，分外刺眼。父亲指着桌子说："孩子，擦桌子是很简单的事情，但是你连桌子都擦不干净，还能做好老板吗？"克洛克羞愧难当。

克洛克回到了快餐店，他谨记父亲的教诲，每次擦桌子时都要准备5块抹布，依次擦5遍，而且每次都顺着同一个方向擦，为的是不让脏抹布重复污染桌面。

最终，克洛克得到了老板的赏识，并且被委以重任，接管了那家快餐店，如愿以偿地做了老板。10年后，他创立了自己的品牌——麦当劳。

擦桌子是一项再简单不过的劳动，但这类简单的劳动同样考验着人的责任心。一个连小事都做不好的人，又怎么能做成大事呢？

劳动能使孩子学会基本的生存之道，学会照顾自己和尊重他人。人只有掌握了基本的劳动技能，才算掌握了生存的本领，能自立才有可能去实现更高层次的追求。

2. 引导孩子在劳动教育中进行职业探索

无论现在学习成绩怎样，孩子们未来都不可避免地要参与各种社会竞争，成为一名社会劳动者。近年来，大学生就业难成了社会普遍关注的话题。"就业难"不仅是因为人人都想要旱涝保收、衣食无忧的"铁饭碗"，都希望能"钱多、活少、离家近"，还因为当下大学生没有形成正确的职业观，不考虑自己的实际情况，片面地将工作分为三六九等，形成了错误的职业歧视，导致自己"高不成，低不就"，毕业即失业。

每一种劳动都需要付出汗水，每一份工作都有其存在的价值，可以通过体验、观察、观看纪录片等方式，让孩子体会不同职业劳动者的工作价值，并适时引导孩子感恩家长、老师，尊敬农民、环卫工人、建筑工人、医生、警察、科学家、运动员等，培养孩子对各种职业的崇敬和感恩之心，有利于帮助孩子进行职业探索，形成正确的职业观。

3. 指导孩子在劳动教育中学会归纳总结

劳动中包含着智慧和技巧，在劳动过程中，可以引导孩子对劳动工具的使用方法、劳动的具体流程、劳动的注意事项进行总结，提升孩子的总结能力。

生活劳动与文化知识有着密切的联系，如果能将日常劳动与数学知识结合起来，对于孩子认识和理解应用类题目会有很大的帮助。例如：计算二人合作劳动所使用的劳动时长、比较不同劳动者完成同样任务所需时间的长短等。

4. 引导孩子在劳动教育中学会与人合作

一次，少年毛泽东和小同伴们一起去放牛。

他们想在山坡上玩耍，又担心玩起来会耽误放牛。

怎样才能既把牛放好，又玩得淋漓畅快呢？少年毛泽东和小伙伴们商量了一个办法。

少年毛泽东把同伴们组织起来，分成三个小组：一个小组负责看牛，不让牛乱跑或吃了庄稼；一个小组负责割草，放完牛大家可以把草带回家喂牛用；第三个小组负责去山上采野果子给大家吃。

就这样，少年毛泽东和小伙伴们既让牛吃得饱饱的，又割到了青草，还吃到了从山里采回来的美味野果，玩得很痛快。小伙伴们亲切地称少年毛泽东为"牛司令"。

有很多劳动是需要多人协作完成的，在劳动中引导孩子学会与人合作，可以锻炼孩子的领导能力、协调能力、语言表达能力等。家长可以在组织家庭人员参与劳动的过程中在组织、协调、配合等方面做出积极示范，培养孩子的相关意识，循序渐进地请孩子对劳动分工和程序等提出意见或进行规划，直至放手让孩子自主完成。

### 5. 引导孩子在劳动教育中学会开拓创新

古时候，有个叫鲁班的木匠，他不但会盖房子，会造桥，还会制造工具。

有一回，鲁班要造一座宫殿，需要很多木材，就和徒弟们上山砍树。当时人们使用的砍树工具是斧头，斧

头又钝又重，鲁班和徒弟们累得满头大汗也砍不了几棵树。砍了十几天，木材还是远远不够，鲁班心里十分着急。

这天，鲁班登上一座十分险峻的高山去寻找木材，他抓住路边的树枝和杂草，一步一步艰难地向上爬着。忽然，鲁班觉得手指很疼，抬头一看，手指被草叶划了一条口子，鲜血直流。鲁班忘记了疼痛，他欣喜若狂地看着划破自己手指的草叶，说："这草叶的边缘长着又密又锋利的细齿，要是我也用带有许多小细齿的工具来锯树木，不就可以很快地把树放倒了吗？那肯定比用斧头砍要省时省力多了。"于是，鲁班仿照草叶的样子，发明了锯子。

后人又通过改变锯齿的疏密、锯头的大小等方式改良出很多种具有不同细分功能的锯。直到今天，人们使用的电锯还是以鲁班发明的锯子为原型呢！

劳动不仅能创造价值，还能改造世界。自古以来，人类运用自己的聪明才智不断发明、更新着劳动工具，以提高劳动效率，增加劳动产出。在劳动中引导并带领孩子对劳动工具进行适当改造，有利于培养孩子的思考能力、动手能力和创新能力。

家务劳动的内容繁多，每个年龄段的孩子能够学会的家务劳动项目也并不固定。下面是一份中小学生家务劳动指南，供大家参考。

| 小学1—3年级 | |
|---|---|
| 居家防疫 | 熟悉家庭防疫内容，增强防疫意识。掌握口罩晾晒及处理、消毒通风等劳动技能。每日自测体温，健康出行。 |
| 卫生清理 | 熟练使用卫生工具，有效完成卫生清理劳动。学会扫地、拖地、灰尘清理、碗筷洗刷、马桶冲刷等。 |
| 内务整理 | 掌握个人内务的整理技能，提升生活自理能力。学习折衣服、叠被子、系鞋带等。 |
| 物品归整 | 学会物品分类摆放，学会收纳物品，增强自理能力。能够熟练整理书桌，做到书本、文具分类摆放。 |
| 加工食品 | 学会食品的简单处理，掌握择菜、洗菜、洗水果和一两样简单食品加工等技能。 |
| 手工制作 | 尝试使用手工工具，熟悉一项手工技能。可学习缝制沙包、香包，自制手工书皮等。 |
| 衣物洗涤 | 学会洗涤自己的简单衣物，掌握简单洗涤技巧，会清洗袜子、内衣等小物品。 |
| 垃圾分类 | 掌握垃圾类别，知道分类处理，自制分类垃圾桶，主动将家中垃圾进行分类。 |
| 种植养护 | 掌握花草日常养护知识，能够有规律地浇水、施肥。给动物准备食物，帮助管理动物卫生等。 |
| 照顾家人 | 懂得照顾家人、照看老人及幼儿，掌握简单的照顾技巧。 |
| 小学4—5年级 | |
| 居家防疫 | 掌握防疫知识，增强防疫意识。学会口罩晾晒及处理、消毒通风等防疫技能，监督家庭成员居家防疫。每日自测体温，健康出行。 |
| 卫生清理 | 熟练使用卫生工具，掌握不同区域的清理方法和清理顺序，做到饭后收拾碗筷并擦干净桌子、收拾地面。 |
| 内务整理 | 提高个人内务整理能力，有条理地整理自己的衣物，保持自己的衣橱整洁。 |
| 物品归整 | 掌握物品分类摆放、物品归纳技能，能够独立整理书橱、衣橱，并学会分类摆放。 |
| 加工食品 | 学会安全使用烹饪工具，学会简单烹饪，掌握两三样简单食品加工的技能。 |
| 手工制作 | 能够使用手工工具掌握一项手工技能。尝试制作鸡毛毽、编织、贴绣、剪刻手工装饰等。 |

| 衣物洗涤 | 掌握衣物洗涤分类，能够洗涤自己和家人的简单衣物，学会使用洗衣机。 |
| --- | --- |
| 垃圾分类 | 掌握垃圾分类的意义，带动身边的人按照垃圾分类的原则进行垃圾分类处理。 |
| 种植养护 | 根据花草的具体需求，对花草进行修剪、浇水、换土和施肥，学会给动物消毒等。 |
| 照顾家人 | 学会照顾家人，掌握一定的照顾技巧。能够给幼儿穿衣换衣、简单喂食、哄睡等。 |
| 初中阶段 | |
| 卫生防疫 | 掌握卫生清理方法和流程，灵活使用卫生工具。做到地面门窗洁净无尘，家具物品摆放有序，家电安全无隐患。掌握消毒通风等居家防疫技能，每日自测体温，健康出行。 |
| 清洁厕所 | 掌握洁厕技巧，能够安全使用清洁用品。做到墙面、镜面、台面光亮如新，马桶内外无污渍，空气清新无异味。 |
| 内务整理 | 掌握内务整理规范要求。做到物品规整有序，床面平整无杂物，床下干净无灰尘，衣橱擦拭洁净，衣物分类整齐。 |
| 收拾书桌 | 充分利用书桌空间进行合理摆放。做到桌椅干净，书籍分类摆放整齐，学习用品井然有序。 |
| 洗涤缝补 | 掌握洗涤缝补技巧。做到分类清洗衣物，干净无污渍；学习缝补方法，熟悉缝补流程，按需选择针线、布料进行简单缝补。 |
| 烹调烹饪 | 能够掌握基本的操作流程。能够辨识食材食料，安全使用炊具，控制时间与火候，会做简单家常菜。 |
| 垃圾分类 | 能够按分类投放垃圾。学习垃圾常识，辨别垃圾种类，设置盛放工具，做到安全科学处理垃圾。 |
| 种植养护 | 掌握花草养护的基本技巧。了解花草种类习性，做到适时恰当浇水、松土，防治病虫害。 |
| 照顾家人 | 能够融洽家庭氛围，分担父母劳动。做到与家人分享快乐、分担烦恼。陪伴父母劳作，照顾弟弟妹妹的生活。 |
| 高中阶段 | |
| 卫生防疫 | 养成自觉清洁卫生的习惯。做到正确使用家居清洁工具，科学有序完成日常清理，营造整洁优雅的家居环境。掌握消毒通风等居家防疫技能，每日自测体温，健康出行。 |
| 清洁厕所 | 做到定时清洁，科学使用工具，物品摆放整齐，按时通风换气，打造干净整洁、空气清新的洗手间。 |

| 内务整理 | 打造温馨美观的卧室。做到分类摆放物品，床铺干净整齐，书橱摆放有序，将内务整理内化为一种自觉行为。 |
|---|---|
| 收拾书桌 | 形成"学前有备、学后归位"的自觉意识。依次收拾各种学习用品，准确放到指定位置，简洁、有序摆放书桌用品，桌面及时清理干净。 |
| 洗涤缝补 | 熟练掌握洗涤缝补技巧。能够按照洗涤标识正确清洗衣物；掌握几种手缝针法，灵活运用于日常衣物的修补，做到大方得体。 |
| 烹调烹饪 | 掌握膳食平衡的原则。做到灵活取用食材，合理运用烹饪技巧，独立制作拿手菜品，做到健康、科学、营养。 |
| 垃圾分类 | 做到勤俭节约，减少垃圾产生；能够对垃圾进行合理分类；手工制作，变废为宝。 |
| 种植养护 | 掌握花草养护的基本技巧。主动担任家庭园丁，了解家庭花卉习性特点，做到科学管理养护。 |
| 维修维护 | 掌握独特的劳动技能和方法。做到熟悉工具特点，在家长协助指导下能安全维修家具，培育大国工匠精神。 |

人间烟火气，最抚凡人心。参与家务、学会劳动是每一个人应该掌握的基本生活技能。一个人获得幸福的标准一定不在于他做了多少道题、答了多少份卷、写了多少篇文章，而在于他是否懂生活、会劳动，是否能从平凡的日常生活中发现自己的价值，活得精彩。

第六章 家庭中的生活技能教育

# 第二节　在家庭生活中学会自我保护

　　中小学生的安全问题关系到每个家庭的美满幸福以及社会的稳定。由食品中的致病因素进入人体引起的感染性、中毒性疾病，由游戏场所、游戏道具、游戏设施等存在的安全隐患引发的意外，由宠物传播的疾病和抓咬的伤害，由陌生人带来的不确定性伤害等，都严重地威胁着中小学生的安全。每个家长都在尽力保护着孩子们的安全，但这种保护不能伴随孩子一生。因此，培养孩子的安全意识，让孩子掌握自我保护技能就显得尤为重要。

　　中小学生的自我保护技能涉及多个方面，家长可以从用火和用电安全、食品卫生安全、游戏安全、独自行动时的安全等方面对孩子进行教育，让孩子掌握自我保护技能和常用求助方式，学会使用自救工具。

## 一、用火和用电安全

　　1. 应告知孩子不能携带或玩耍火柴、打火机等；不得随意点火，禁止在易燃易爆物品处用火；不得在公共场所燃放鞭炮，更不允许将点燃的鞭炮乱扔。当发现火情时一定不要擅自行动，要在第一时间向大人求助。

2．不要用湿手、湿布触摸、擦拭电源插座；不要乱动损坏的电线、灯头、插座。家中使用的电线、灯头、插座一旦损坏，切勿乱动，应及时告诉家长，以便请电工修理。

## 二、食品卫生安全

1．要注意食品的采购和加工安全。到正规超市或市场购买食品，避免购买路边摊上不卫生的食品；注意食品的生产日期、保质期、储存条件；尽量按需购买，不囤积食物；尽量少买临期食品；选择低温干燥、通风的环境储存食物，避免食物被阳光直射；发霉食物要及时处理掉，绝不可冲洗或去除霉变部分后继续食用。加工食物前，一定要充分洗手；加工生、熟食品的用具，例如刀具、砧板等，应该分开使用；水果和蔬菜食用前要认真清洗，肉类和海产品要完全煮熟后再食用；要使用清洁的餐具。

2．要了解容易引发食物中毒的常见情况，并拒绝食用、饮用相关食物。

部分易引发中毒的食物信息统计

| 具体情况 | 安全问题说明 |
|---|---|
| 青皮或发芽的土豆 | 含龙葵素 |
| 发芽的红薯 | 含龙葵素 |
| 未熟透的西红柿 | 含龙葵素 |
| 未熟透的豆角 | 含血细胞凝集素+皂苷 |
| 发泡6小时以上的木耳 | 含黄曲霉毒素+青霉毒素 |

| 具体情况 | 安全问题说明 |
|---|---|
| 毒蘑菇 | 含毒肽、毒伞肽等 |
| 未煮熟的豆浆 | 含皂素 |
| 生水 | 含寄生虫 |
| 彩色药丸或药片 | 容易被当作糖果 |

## 三、游戏安全

### 1. 把好游戏内容关

有一些危险动作虽然看起来很酷，但其本身存在相当大的危险性，如电视剧或动画片中的飞行、从高处向下跳跃、在公路上追逐，杂技表演中的喷火、吞噬金属等，应该让孩子知道不能模仿这类危险动作；应告诉孩子在玩滑梯时要从楼梯上，从滑梯处下，不能倒爬滑梯；不能在没有保护措施的情况下玩叠罗汉、跳山羊等游戏；在家里做游戏时不能接触热水器、燃气等带电或带火的设施设备。

### 2. 把好玩具选择关

孩子们经常需要在游戏中使用一些玩具，如卡片、水枪等，这些都是相对安全的玩具，但有些孩子喜欢在游戏中和伙伴们玩玩具刀、仿真枪、弹弓、弓箭、石头、棍棒等容易引发危险的玩具，家长应正确引导，避免孩子在游戏中伤害自己和他人。同时，有一些玩具的质量并不过关，甚至制作玩具的材质含有有毒物质，家长应指导孩子谨慎筛选，拒绝购买"三无"玩具。

### 3. 把好游戏场所关

对于孩子而言，游戏场所无处不在，孩子在家里做游戏时，家长应引导孩子避开厨房、阳台、窗台等容易发生危险的地方；孩子在小区花园里做游戏时，家长应引导孩子选择平坦、视野开阔的地方，远离湖泊、水上凉亭等，并尽量保持在家长的视线范围之内活动，使孩子知道停车场、马路边不能作为游戏场所，天气恶劣时应在室内进行游戏。

### 4. 把好游戏秩序关

应告诉孩子在使用游戏设施时，应遵守秩序，排队玩耍，避免因拥挤、抢夺引发伤害或冲突。

## 四、独自行动时的安全

1994年12月19日早晨6点多，天下着大雪，又冷又黑，为了迎接期末考试，刚做完手术康复出院的张小丫穿上红色的校服，准备到学校去上早自习。

上学路上，一辆面包车上下来一个20多岁的时髦女孩向张小丫问路。张小丫说了好几遍，可对方好像怎么也听不懂。最后，女孩让张小丫上车给他们带路，并承诺会把张小丫准时送到校门口。

上车后，女孩让张小丫喝"牛奶"，张小丫不喝，她突然向她嘴里灌起来……张小丫那天走出家门不过100多米远就消失了……

2000年12月9日，张小丫终于逃回北京的家。这一天离她被拐差10天就整6年了。张氏夫妇看到女儿时惊呆了：女儿竟然还穿着6年前的红校服！只不过那红色已变成了紫黑色。张小丫的头发脏乱得像杂草，又瘦又小的身体抖作一团。

张小丫的遭遇令人痛心，她的故事时刻提醒着每个家长：无论自己的孩子是男孩还是女孩，当孩子独自一人行动时，都应与孩子约定好回家的具体时间，除叮嘱孩子注意日常用火、用电、用气、饮食等方面的安全外，还要叮嘱孩子加强对坏人的防范意识，使孩子具有以下"三板斧"：

1. 第一板斧：防范坏人的意识

我们
爸爸、妈妈、爷爷、奶奶以及我们和父母一致认为安全可靠的人。

他们
邻居、一起吃过饭的人、路上见过的人、家长的同事、楼下超市的送货员、煤气管道维修工、水管维修工、水表检验员、外卖送餐员、电费收取者、物业管理员等不确定安全可靠的人。

**身边人物关系图**

家长应从小教育孩子具有防范坏人的意识，教育孩子面对陌生人时先问几个"为什么"，不要轻易相信陌生人，不接受陌生人的礼物、食物、玩具等。引导孩子将身边安全可靠的人划分在"我们"的范围内，将不确定安全可靠的人划分在"他们"的范围内，不在没有"我们"陪同的情况下独自帮助陌生人。

2．第二板斧：识别坏人的伎俩

（1）利用孩子乐于助人的心理。犯罪分子可能利用孩子乐于助人的心理，以"借东西""问路""求助"等借口使孩子放松警惕。应该让孩子知道，大人的办法要比孩子多很多，大人的能力也比孩子强很多，所以正常情况下，如果大人真的遇到问题需要解决，应该去找大人帮忙而不是找孩子。

（2）冒充社会劳动者的身份。犯罪分子往往冒充煤气管道维修工、水管维修工、水表查验员、外卖送餐员、电费收取者、物业管理员、警察等身份，以开展工作为借口，企图让独自在家的孩子打开房门。应该告诉孩子，凡是以上人员所要开展的工作，都需要大人的配合，即便家里真的有相应的需求，也不会把时间定在孩子独自在家时。

（3）表达并不合理的"好意"。有些犯罪分子会声称自己是孩子家长的朋友，以向家长送礼物、帮家里买东西等为由，企图用金钱、礼物、玩具、美食等诱惑孩子打开房门。应该让孩子知道，大人间的礼尚往来，大人会处理好，不会让大人直接和孩子对接。当独自在家时，即便是邻居到访，也不能开门。

3．第三板斧：应对坏人的方法

（1）不放"他们"进来。将安全可靠的亲人划分在"我们"的范围内，其他人划分在"他们"的范围内，凡是独自在家时，如果"他们"来访，一律锁紧房门，不放"他们"进来。

（2）呼叫大人帮忙。孩子独自在家，不仅指孩子一个人在

房间内的情况，也包括一个人在室外的情况。叮嘱孩子一个人在室外时，千万不要接受"他们"赠送的饮料、糖果、食品等，也不能把家里的相关信息透露给"他们"，如果遭到"他们"的拉扯、拖拽等，要大声呼叫，引起大人的注意，并趁机向小区的保安或物业人员求助。

（3）拨打电话求救。如果独自在家时，发现有人撬动门锁，应首先大声呼喊"爸爸""叔叔""舅舅"等男性亲属称谓，并说"有人开门，是不是叔叔/舅舅/爸爸回来了"（尽量使用男性亲属称谓），争取吓退坏人。同时赶快拨打家人、物业或报警电话求救。

## 五、掌握常用的求救方式

除了逐步培养孩子应对复杂情况的能力，还要让孩子知道在遇到自己无法解决的紧急或危急情况时可以向谁求助。

1. 向邻居求助

应该让孩子知道在紧急的情况下，比如家人不在场或家人因受伤、生病而无法实施自救，且不具备通信条件时，可以向邻居求助。

2. 报警求助

应该让孩子知道在遇到危险情况时，可以报警求助，并让孩子记住求助电话：报警电话110、急救电话120、火警电话119。

3. 向紧急避难场所的工作人员求助

应该让孩子知道在发生重大灾害，无法获得家人、朋友和警察的及时帮助时，可以向紧急避难场所的工作人员求助。让孩子了解紧急避难场所是为应对突发性自然灾害和事故灾难等而设置的，是具有应急避难生活服务设施的场所或建筑，并能够识别紧急避难标识。

## 六、学会使用自救工具

在危险正在发生时，自救是最好的自我保护方式。因此，有必要教孩子认识常用的自救工具，并学会这些工具的使用方法。常用的自救工具包括救生圈、救生衣、安全锤、逃生绳、LED手电筒、防狼喷雾等。

## 第三节　孩子应学会防范性侵害

　　《"女童保护"2020年性侵儿童案例统计及儿童防性侵教育调查报告》显示，2020年媒体公开报道的性侵儿童案例中，女童占九成，小学和初中学龄段儿童受侵害比例较高。

　　在曝光的儿童性侵案中，熟人作案占比74.04%；陌生人作案占比25.96%；教师、教职工作案占比30.74%；亲人亲属作案占比20.78%；网友作案占比18.18%；邻居朋友作案占比16.02%；其他生活学习接触人员作案占比14.29%。

　　发生在校园、培训机构（包括宿舍等）的性侵占比25.25%；发生在施害人住所的性侵占比21.93%；发生在小区、村庄、校园附近等户外场所的性侵占比13.95%；发生在宾馆、KTV等场所的性侵占比13.95%；通过网络发生的性侵占比9.63%。

　　可见，性侵距离我们的生活并不遥远，应及时教会孩子识别性侵行为，增强自我保护意识。

### 男孩子也可能是受害者

　　夏令营开始了，二年级学生小刚走出家门，开始了为期一周的封闭训练。

虽然一天的训练很累，但小刚还是坚持了下来。晚上，带队老师喊小刚过来："今天表现不错，来我房间，给你看点儿好玩的！"带队老师打开了电脑，把小刚抱坐在自己腿上。见小刚看动画片入了迷，便慢慢地把手伸进小刚的裤子，抚摸起小刚的下体。小刚感到带队老师的行为很奇怪，想从他的身上下来，却因为力气太小而无法挣脱。带队老师说："乖乖的，别动，这是对你的奖励，不能和任何人说。"从带队老师的房间离开时，小刚的腿还在抖，他害怕极了，但他不敢和别人说，只盼着夏令营早点儿结束。

　　一回到家，小刚就把这件事讲给爸爸听，爸爸说："这个带队老师简直就是变态！唉！这件事太丢人了。幸亏你是男孩子，这件事就这样算了，以后咱们不去夏令营就是了。没关系，这件事就当成一个秘密，不能再对任何人说，记住没？"

　　"嗯！"小刚虽然在点头，但他不明白，为什么这件事就这样算了呢？为什么爸爸不去揭发坏人，还要自己为坏人的行为保守秘密呢？

第六章　家庭中的生活技能教育

　　这个案例让我们清晰地看到，性侵者往往戴着伪善的面具，他们会以各种各样的身份和理由伪装自己的可恶行径，伺机侵害儿童。在防范性侵的问题上，男孩子同样需要接受教育和指导。

　　小刚向爸爸说出事情经过的同时，也是在向爸爸求助，但小刚的爸爸似乎并没有意识到自己作为父亲的责任和义务，没有从

心理上和小刚结成同盟，帮助小刚应对这次事件。小刚爸爸的做法也是部分家长在面对同类问题时采取的错误做法。

## 一、家长们面对孩子被性侵时的常见做法

1. 向孩子传输错误的思想

很多家长会像小刚爸爸一样告诉孩子"这件事太丢人了"，传递给孩子一种受害者是可耻的错误思想，这会使孩子产生自卑感和耻辱感，受到更深的伤害。

2. 逃避并忽略问题的严重性

遭受性侵对女孩造成的伤害是深刻的，对男孩子造成的影响同样不容忽视。英国《每日邮报》曾报道：无论遭遇哪种性侵方式，男性平均需要26年才能坦然面对自己的经历，而有的人用了一辈子也不能走出来。当事情发生时，家长首先要和孩子站在一边，体会孩子的感受，给孩子足够的爱和支持。家长的逃避只会加深孩子的自卑和羞耻感。

3. 没有给出解决问题的正确示范

很多受害者的父母都会像小刚爸爸一样，因为不知所措和羞耻感而选择沉默，这会使性侵者有恃无恐，继续作恶。

## 二、如何引导孩子学会防范性侵

1. 教孩子认识隐私部位

应该教孩子认识自己的隐私部位，并告诉孩子要把自己的隐

私部位遮盖起来并保护好，既不能让别人看，也不能让别人摸。同时，自己也不能去看、去摸别人的隐私部位。

（1）被遮盖的隐私部位——保持卫生、不能碰

（2）露出来的敏感部位——不能搂抱、不能亲

2．教孩子了解常见的性侵行为

应该教孩子识别性侵行为，让孩子知道，性侵泛指一切违反自己意愿、实施于自己的、与隐私部位或敏感部位有关的行为。包括强行接触或要求他人接触隐私部位（或敏感部位）、性骚扰、露体、窥淫等。

（1）直接接触隐私部位或敏感部位的性侵。实施性侵者会故意接触、亲吻对方的隐私部位（或敏感部位），甚至使用诱骗的手段（如我来帮你检查身体吧、我们来玩一个游戏吧、我家里有很多好吃的要送给你……）使受害者进入相对隐蔽的空间后实施侵害，也有性侵者利用自身职务、力量等优势，使用诱惑、暴力、恐吓等手段胁迫受害者接受性侵，并威胁受害者保密。

（2）以传递涉及隐私部位的信息为主的骚扰型性侵。①使用下流语言或行动挑逗受害者，向其讲述、展示个人或他人的隐私部位或性经历。②在一定空间内布置淫秽图片、广告等，使受害者感到难堪。

3．鼓励孩子勇敢地面对性侵

（1）教孩子避免置身危险环境。教孩子不要单独进入他人的封闭空间，如卧室、办公室、储藏室等；不轻易与留宿者同屋；不独自行走过于僻静的道路。

（2）教孩子果断拒绝无理要求。告诉孩子要拒绝他人提出的接触隐私部位（或敏感部位）的要求；拒绝他人提出的观看、收听、碰触涉及隐私部位（或敏感部位）信息的要求或建议；拒绝帮助他人保守与自己有关的涉及隐私部位（或敏感部位）的秘密。如果有人用玩具、美食为诱饵，或者用威胁、恐吓的方式接近自己的隐私部位时，一定要勇敢地拒绝并及时告诉家长。

（3）家长应及时发现孩子的异常表现。当孩子表现得突然害怕谈及某人、某地或者突然变得郁郁寡欢时，应考虑孩子是否因某人、某事，在某地遭受性侵。

（4）家长应给予孩子足够的爱和支持。不将孩子独自留在邻居、亲戚、朋友家里，尤其不要将孩子独自留在某处过夜。养成和孩子谈心的习惯，让孩子知道无论发生什么事情，家长都会无条件地支持他，帮助他。

（5）家长不能忽略男孩子的感受。很多人以为，性侵者侵犯的对象都是女孩子，男孩子是绝对安全的，其实不然。2013年，广东省青少年健康危险行为监测报告显示：男童遭受性侵害更为严重，每100个青少年男性中，就有两三个有被迫性行为，数量是女童的2.2—2.3倍。防范性侵不仅是女孩子所要面对的问题，男孩子同样需要面对性侵。

（6）积极寻求法律的帮助。一旦确认孩子遭到性侵，不要选择隐忍，应留存好证据并及时向公安机关报案，积极寻求法律的帮助，不让作恶者逍遥法外。

## 第四节　孩子的理财能力培养从家庭教育开始

金钱就像水一样，缺了它，会渴死；贪图它，会被淹死，唯有正确认识金钱、合理使用金钱、学会理财，才能使金钱成为幸福生活的助推剂。

小王的父母把存有30万元的储蓄卡交到小王手上，这是作为工薪阶层的父母辛苦攒下、供小王出国留学的学费。

谁知，仅仅一个假期的时间，小王竟把30万元学费花个精光！父亲打印了储蓄卡的银行流水，发现小王把钱都挥霍在了吃喝玩乐上：多次去酒吧，总计消费2万多；去KTV，消费3万多；去购物时，买一双鞋就花费8000元……

在这则新闻案例中，小王对金钱的肆意挥霍不禁令人咋舌。要知道，人生活在世界上，赚钱有多难啊！而小王却并不懂得珍惜金钱，珍惜父母的辛勤劳动，他缺少的不仅是对父母的感恩，对生活的理解，更是正确的金钱观。

## 一、什么是金钱观

金钱观是对金钱的根本看法和态度，包括怎样正确地看待金钱，应该秉持什么样的态度赚钱，以什么样的原则花钱，用什么样的办法理财等。正确的金钱观可以帮助孩子树立对金钱的正确认识。

1. 钱是宝贵的财富

钱能购买我们所需要的东西，人活着需要吃饭、穿衣、娱乐、学习、看病、购物……这些都是我们用金钱可以换来的，拥有的钱越多，能买到的物质和服务就越多、越好；拥有的钱越多，能帮助的人就越多。可见，钱是宝贵的财富。

2. 钱不是万能的

有位富翁十分有钱，却总无法让别人尊敬他，他很想找到一个尊敬他的人。

这天，富翁在街上看到一个衣衫褴褛的乞丐，便丢给他一枚金币。不料，乞丐并没有理他。

富翁大失所望，生气地问："你的眼睛瞎了吗？没看到我给你的是金币吗？"

乞丐爱搭不理地答："那是你的事，不高兴你可以拿回去。"

富翁大怒，又丢给乞丐10个金币，盼望着乞丐向自己道谢。不料，乞丐仍是不理不睬。富翁气急败坏地说："我给了你10个金币，你看清楚，我是个有钱人，你应该感谢我，尊敬我！"

乞丐懒洋洋地回答："有钱是你的事，尊不尊敬你是我的事，这是求不来的。"

富翁急了，又说："如果我把我的一半财产送给你，你就会尊敬我了吧？"

乞丐说："那样我就和你一样有钱了，为什么要尊敬你。"

富翁更急了："好，我将所有的财产都给你，你总可以尊敬我了吧？"

乞丐大笑："那你就成了乞丐，而我成了富翁，我凭什么尊敬你？"

金钱与尊敬在许多时候是难以画上等号的。富翁若能明了这一点，要受人尊敬也就不难了。

金钱能买到房子，却买不到家；金钱能买到药，却买不到健康；金钱能买到酒肉，却买不到真情；金钱能买到权势，却买不到威望；金钱能买到享受，却买不到幸福……金钱不是万能的。

3. 君子爱财，取之有道

74岁的老人吕学芹，平时靠捡拾废品贴补家用。

这天晚上，她在拾废品时看到了3个袋子，里面装着20万元现金，一张印有取款人陈女士姓名和卡号的

取款单，还有一些其他物品。看到这些，吕学芹心中一颤，她想："失主丢了这么多钱，肯定十分着急。"她连忙拨打110报警，把钱分文不少地交给了警察，吕学芹老人说："把钱交给民警我就放心了，否则回家后睡觉都睡不踏实。"

虽然吕学芹老人并不富裕，但她没有将这笔钱占为己有，依旧凭借自己的辛勤劳动赚取着微薄的收入。人们依靠自己的劳动创造财富，获取金钱，是光荣的，而使用剥削、掠夺、欺诈等手段占有金钱的行为是可耻的。吕学芹老人这种"君子爱财，取之有道"的金钱观值得我们每个人学习。

4. 用之有益，用之有度

花钱容易赚钱难，只有把钱花到有意义的事情上，才能让钱发挥最大的作用，人生才更有意义。

一对夫妇买彩票中了巨额奖金。但他们的生活并没有发生太大的改变。他们既没有购买豪车豪宅，也没有去过纸醉金迷的生活。

记者采访后得知，他们用彩票奖金做了一些投资，还捐赠了几家慈善机构，用作对癌症的研究以及解决儿童饥饿等问题。

他们说："之所以没有过度消费，是因为那种对物质的欲望一旦被点燃，就很难被熄灭，最终吞噬自己，

家教：好家教需要好家长

让我们丧失理智。"

所以，当有钱时，不要挥霍金钱，要让钱发挥最大的作用，否则就会丧失理智，无法保持清醒；没钱时，要学会节约，因为生活处处需要花钱，有钱才能遇事不乱。

### 三、如何正确培养孩子的金钱观

**1. 家长要能够正确认识"富养"**

当前，很多家长对孩子在物质上的需求毫不吝啬，他们坚持"再苦不能苦孩子"的理念，愿意满足孩子的一切物质要求。他们加班加点地拼命赚钱，把吃苦留给自己，给孩子买最好的食物，报最贵的辅导班，送孩子去最好的训练营，勒紧腰带"不让孩子输在起跑线上"。可最终却养育出了不能独立生活、不会做饭、不爱劳动、不懂感恩，甚至大学毕业还在"啃老"的孩子。这类家长错误地理解了"富养"的含义，只注重在物质上对孩子进行"富养"，却没有意识到物质只是人活下来的基础条件，想要活得好，必须有丰富的知识、健康的心理、良好的心态和正确的人生观、世界观、价值观，最关键的是要让孩子掌握一项可以赚钱的本领，使其有自力更生的意识和创造财富的能力。

当我们在千方百计地呵护并"富养"孩子时，国外的家长为了培养孩子在未来社会中生存的本领，在孩子很小的时候就开始训练孩子赚钱的能力了。在加拿大的一位记者家中，两个上小学

的孩子每天早上要去给各家各户送报纸。看着孩子们兴致勃勃地分发报纸，那位当记者的父亲感到十分自豪："分这么多报纸不容易，要很早就起床，无论刮风下雨都要去送，可孩子们从来都没有耽误过。"相信在这样环境下长大的孩子会更早地收获创造财富的乐趣和方法。

2. 家长要让孩子体会到赚钱的辛苦

日本有一句教育名言：除了阳光和空气是大自然赐予的，其他一切都要通过劳动获得。许多日本学生在课余时间都要参加劳动，大学生中勤工俭学的现象非常普遍，就连有钱人家的子弟也都乐在其中。他们靠在饭店端盘子、洗碗，在商店售货，在养老院照顾老人，做家庭教师等来挣自己的学费。

我们可以在家庭中建立一个"每月家务消费基金"。家里人每参与一项劳动，就会获得相应的报酬，让孩子在参与劳动的过程中体会到赚钱的辛苦。

也可以结合孩子的年龄实际，让孩子参加一些社会实践，例如：捡瓶子换钱、帮助小区超市送货等，让孩子体会赚钱的辛苦。

还可以模仿"跳蚤市场"的形式，让孩子在社区等安全场所体验"摆摊"赚钱的辛苦。

这样的过程能让孩子更深切地体会到赚钱的辛苦，认识到货币的价值，懂得尊重和爱惜金钱。

3. 家长要让孩子体会到理财的快乐

人们常说"人不理财，财不理你"，究竟什么是理财？怎样理财呢？简单来说，理财是指对金钱进行管理，以实现金钱的保值、增值。对孩子进行理财教育，可以从让孩子记录日常开销、制作消费预算、统计消费结构、参与储蓄存款、盘点年度支出、合理支配压岁钱等方面入手，逐步向孩子渗透理财产品、债券产品等金融方面的理财知识。

# 第五节  培养孩子与社会互动的技能

人是一切社会关系的总和，要正常维持这些关系，就要学会与社会互动，在互动中满足个体对物质和精神的双重满足，体验生活的丰富多彩。在学习与社会互动的过程中，孩子能够近距离地接触社会，学会不同的生活技能，更好地与社会融为一体。

## 一、在与社会互动中学习购物技能

随着市场经济的蓬勃发展，除了传统的集市以外，人们可以选择到超市、百货商场、便利店、专卖店等各具特色的场所购买自己所需要的生活必需品。购物不仅是成年人的需求，孩子同样需要购物，家长有必要帮助孩子分析各种购物场所的长处和不足，以便孩子结合自己的需要，选择合适的购物场所。

**不同购物场所对比**

| 名称 | 长处 | 不足 |
|---|---|---|
| 超市 | 商品种类最多，价格较便宜，质量合格，便于选到称心的商品 | 购物环境拥挤，结账需要排长队 |
| 百货商场 | 商品种类较多，可以买到高品质的商品，购物环境舒适，结账方便 | 商品价格较高，选购不方便 |
| 便利店 | 离家近，购物方便，质量能满足日常所需 | 商品种类较少，价格比超市贵 |

| 名称 | 长处 | 不足 |
|---|---|---|
| 专卖店 | 专门销售某一类商品，质量可靠 | 只能购买某一类产品 |
| 集市 | 离家近，购物方便，菜品新鲜，价格低廉 | 商品种类较少，有时需要讨价还价 |
| 网店 | 品种繁多，价格便宜，选择空间大 | 需要等待且无法了解实物质量 |

除了帮助孩子了解不同的购物场所，还应该教孩子学会理性、正确地购物，引导孩子从琳琅满目的商品中筛选出最适合自己的商品。

1. 拒绝购买"三无产品"

教育孩子在购买商品前，仔细查看商品的基本信息，包括商品的成分表、生产厂家及地址、生产日期、保质期、质量合格证编号等，尽量选择有益于身体健康的商品，杜绝购买"三无产品"和过期变质的商品。《中华人民共和国产品质量法》规定，产品或者其包装上的标识必须真实，并符合下列要求：

（1）有产品质量检验合格证明；

（2）有中文标明的产品名称、生产厂厂名和厂址；

（3）根据产品的特点和使用要求，需要标明产品规格、等级、所含主要成分的名称和含量的，用中文相应予以标明；需要事先让消费者知晓的，应当在外包装上标明，或者预先向消费者提供有关资料；

（4）限期使用的产品，应当在显著位置清晰地标明生产日期和安全使用期或者失效日期；

（5）使用不当，容易造成产品本身损坏或者可能危及人

第六章　家庭中的生活技能教育

身、财产安全的产品，应当有警示标志或者中文警示说明。

2．谨慎选择"临期商品"

临期商品是指即将到达临界期限（如食品保质期），但仍在保质期内的商品。国家工商总局规定：到了保质期临界期限的商品需要告之顾客并单独出售。不同产品具有不同的临界期。

标注保质期1年或更长的，临界期为到期前45天，比如罐头、糖果、饼干等。

标注保质期6个月到不足1年的，临界期为到期前20天，比如方便面、无菌包装的牛奶果汁等。

标注保质期90天到不足半年的，临界期为到期前15天，比如一些真空包装并冷藏的熟食品、速食米饭等。

标注保质期30天到不足90天的，临界期为到期前10天，比如一些灭菌包装的肉食品、鲜鸡蛋等。

标注保质期16天到不足30天的，临界期为到期前5天，比如酸奶、点心等。

标注保质期少于15天的，临界期为到期前1—4天，比如牛奶、活菌乳饮料、主食品、未灭菌熟食、未灭菌盒装豆制品等。

一般情况下，商场会对这部分商品进行降价销售。临期商品因为具有明显的价格优势，而逐渐成为年轻人新宠，受到越来越多年轻人的青睐。购买并食用临期商品正常情况下不会对身体造成危害，但在购买临期商品的时候一定要避免一次性购买太多，以免商品过期，造成浪费。

3．小心避开"价格陷阱"

为了吸引消费者购物，商家会采用五花八门的促销手段，在面对内购会、优惠券、打折、满减优惠等铺天盖地促销活动时，一定要保持冷静，以只买最需要的商品为原则，避免为了凑单而购物，避免不小心掉入商家的"价格陷阱"。

网店中销售的产品是以图片的形式呈现给消费者的，购买时无法感受到产品的真实质量，因此，在网店购物时不要一味追求价格便宜，最好选择店铺信誉值高且有运费险的商品，一旦收到货以后发现商品有质量问题，可以办理退货。

4．学会维护合法权益

如果在购物的过程中合法权益被侵害，可以拨打12315消费者申诉举报热线，反映问题。

## 二、在与社会互动中学习出行技能

随着智能手机的普及，我们的生活方式正在发生翻天覆地的变化。以上学为例，除了传统的步行上学、骑车上学、乘坐班车上学、乘坐私家车上学，越来越多的孩子倾向于选择互联网交通出行，因此，有必要帮助孩子学会网络约车、使用手机地图查找路线及出行方式、使用APP订票。家长应叮嘱孩子不能乘坐超载车辆或缺少营运资质的车辆；不要乘坐陌生人"好心"邀请乘坐的顺风车；在乘车、船、飞机出行时要注意保管好自己的物品，以防遗落或失窃。

### 三、在与社会互动中学习上网技能

很多家长拒绝让孩子上网，认为上网会耽误孩子学习。这些家长往往忽略了互联网不仅能让人与人之间进行即时交流，还可以即时获取有用的网络信息。对于被称为生活在互联网时代的"网络原住民"来讲，掌握必要的上网技能不仅是获取学习资料的需要，更是面对未来物联网生活的需要。调查显示，2019年我国未成年人网民规模为1.75亿人，普及率为93.1%。面对势不可挡的互联网世界，与其一味地阻断孩子与网络的接触，不如以疏代堵，与孩子约定上网的细节，帮助孩子有效利用网络，在以下方面与孩子达成共识：

1. 自觉浏览有益的网络信息，不玩网络游戏，不浏览色情信息。

2. 尽量少聊天或不聊天，且上网聊天对象要以自己熟悉的朋友和同学为主。

3. 保管好自己的个人信息，不要将个人资料、账号密码等信息外泄。

4. 要控制上网时间，每天上网时间累计不应超过2小时，单次上网时间不超过40分钟。

5. 上网之前应先明确上网的任务和目标，把任务列在纸上，逐项完成。

6. 上网之前要根据任务内容预估上网时间，到达相应时间后准时下线或关机。

## 四、在与社会互动中学习交友技能

在生活中，每个人都需要朋友，好的朋友会成为孩子的榜样，坏的朋友则可能毁掉孩子的一生。

三个12岁的女生在河边玩"真心话大冒险"游戏，冒险的内容是跳河。游戏结束后，三个孩子都没有真的去跳河冒险。

几天后，这三个孩子放学后结伴离校，途中恰巧经过前两天大家一起玩"真心话大冒险"的河边。

小华提出：在几天前的游戏中，输了的玲玲和洁洁应该遵守游戏规则去跳河。

最初，玲玲和洁洁并没有理会小华的话，但小华再三怂恿玲玲和洁洁，并承诺二人跳河后会帮忙报警，周围的同学也纷纷开始起哄。于是，玲玲和洁洁牵着手走进河里并越走越深。突然，两个人不慎滑倒。结果，个子高的洁洁被闻讯赶来的村民救起，个子矮的玲玲却不幸被水冲走了……

12岁左右的孩子，已经具有了生命安全意识，但事件中的小华不断怂恿，导致两个同伴陷入险境。这样的朋友真让人不寒而栗。

"近朱者赤，近墨者黑。"能够遇到内心善良、乐观上进、品德高尚的朋友，固然是一件好事，但如果遇到的是内心恶毒、

第六章 家庭中的生活技能教育

悲观消极、品德低劣的坏朋友，就得不偿失了。所以，在鼓励孩子结交朋友的同时，家长要引导孩子擦亮双眼，掌握识别并远离"坏"朋友的技能。

1. 教孩子掌握一些社交原则

（1）不能处处以自我为中心。以自我为中心的交往方式最容易使自己被孤立、被排斥，应该学会在交往中照顾他人的感受。当大家观点不一致时，要心平气和地表达自己的想法，促进相互理解，切忌出口伤人。如果是自己犯了错误，要勇于承认，诚恳道歉。

（2）要互相帮助，共同提高。朋友之间要互相帮助，不能因为友情而包庇朋友的过失，要能指正朋友的不足，努力帮助朋友改正错误，促进双方共同进步。

（3）要互相扶持，患难与共。常言道，患难见真情，当朋友遇到困难和挫折时，应该彼此扶持，送上帮助和鼓励。

2. 给孩子提供一些社交机会

家长应该多带孩子外出与人交际，不要让孩子总是闷在家里。对于人际交往能力不足的孩子，家长可以从以下几个方面为孩子提供社交机会：

（1）准备玩具。家长可以准备一些可供孩子们共同玩耍的玩具，让孩子在和同伴一起玩的过程中增进了解，密切关系，帮助孩子创造更多与同伴互动、交流的机会。

（2）消除恐惧。有些孩子比较孤僻，不愿意或不敢主动与人交流，诚如作家银谷所说："内向的人，每一次换新环境交新

192

朋友，内心都要经历一次严峻的、强迫自己出征的外交战争。"对于这类孩子，家长可以通过让孩子购买自己所需的物品、收发快递等，鼓励其主动与他人交流，逐渐消除对交流的恐惧。

（3）减少干涉。有些孩子性格比较平和，对同伴争抢玩具、指挥操控等行为不以为意，对于这种同伴之间的"不平等"关系，家长最好不要直接干涉，相信孩子可以自己感受并找到同伴关系间的平衡点。

### 3. 鼓励孩子自己解决和朋友之间的矛盾

当孩子和朋友之间出现矛盾时，不要责备孩子或者否定孩子的朋友，而是帮助他们找到问题产生的原因和解决问题的方法。例如：鼓励孩子描述事情的经过；询问他们当时的感受；引导孩子猜想其他人会如何看待这件事情、可能有什么样的感受；引导孩子思考下一次碰到相同情况如何处理，并跟踪事情的后续发展。在这个过程中，孩子不仅锻炼了表达能力，而且学会了分析问题，并掌握了解决问题的方法。对孩子而言，这种进步受益终生。

### 4. 允许孩子有自己的秘密

每个人都有自己不愿意让别人知道的秘密，家长应该允许孩子有自己的秘密，但要提醒孩子，任何一个成年人都没有资格让孩子为他保守秘密，孩子所经历的每一件事情都可以和爸爸妈妈分享，不愿意和爸爸说的事情可以告诉妈妈，不愿意和妈妈说的事情可以告诉爸爸。但是，当有人做了让你感到不舒服的事情时，或有人威胁你、欺负你、向你索要财物时，有人触碰到你的隐私部位、讨好你、纠缠你时，一定要及时告诉家长。要让孩子

相信，家永远是温馨的港湾，任何事情，爸爸妈妈都会陪他一起面对。

**5. 引导孩子对朋友进行分类**

孩子们不喜欢家长对其朋友做出负向评价，这不仅是对其朋友的否定，更是对孩子的否定。如果孩子真的结交了坏朋友，态度强硬地要求孩子与这样的朋友断绝往来，往往会引起亲子冲突，或使孩子将交往从明处转向暗处，朝着家长无法把控的方向发展。聪明的做法是结合孩子这个朋友的情况间接地告诉孩子哪些行为和品质是好的，哪些行为和品质是不好的，然后引导孩子对自己的朋友进行分类，再总结出每一类朋友的优点和缺点，这样，孩子自己就会意识到哪些朋友是"有毒"的，从而自动远离坏孩子。

当下，孩子是我们的孩子，但是总有一天，孩子会张开翅膀，面对社会的考验，过属于他们自己的生活，我们所能做的，就是在他们羽翼丰满之前，帮助他们掌握更多有用的生活技能，看着他们飞得更高、更远……